1일 1독서의
힘

우리 아이,
읽는 만큼 성장한다

1일 1독서의
힘

이동조·이지우 지음

팜파스

매일 한 권의 책을 읽는 우리 아이, 비법을 알려드릴까요?

"책 좀 읽어라!"

엄마 아빠가 아이들에게 늘 하는 잔소리입니다. 하지만 부모의 바람과는 달리 이런 말을 자꾸 하면 왠지 아이들은 반대로 책을 더 읽기 싫어하는 것 같아요.

자녀들이 책을 많이 읽었으면 하는 것! 대한민국 모든 부모의 바람이지요. 하지만 책 읽는 자녀를 만드는 게 그리 쉽지만은 않은 듯합니다. 아이들 입장에서는 컴퓨터나 스마트폰 게임같이 재미있고 신나는 일이 훨씬 더 많으니까요. 게다가 학교 공부나 숙제, 학원 가는 시간을 따지면 책 읽는 시간을 내기란 어려운 것 같고요.

그럼에도 불구하고 텔레비전이나 주변에서 책을 많이 읽는 아이들을 둔 부모가 정말 부럽기는 해요. 도서관이나 교실에서 혹은 도서관에서 늘 책을 끼고 사는 아이들은 아는 것도 많고 자신감도 가득 차 있는 것 같거든요. 또 책을 많이 읽으면 왠지 공부도 잘할 것 같고, 더 똑똑해질 것 같기도 하죠.

책을 좋아하고 책을 많이 읽는 우리 아이! 이런 멋진 그림을 부모가 되면 누구나 마음 한 편에 가지고 있을 거예요. 저도 예외는 아니었답니다. 아이들이 많은 책을 읽으면 읽을수록 세상에 대해 더 많은 것을 이해할 수 있다는 걸 알고 있으니까요!

그렇다고 '내 아이들이 책을 많이 읽도록 만들어야지!'라고 마음먹어도 당장 어떻게 해야 할지 모르겠고, 실천하기는 더더욱 쉽지 않잖아요. 기껏 부모가 먼저 책을 읽어야 한다며, 솔선수범만이 정답이라는 조언만 듣기 일쑤고요.

그러던 차에 아주 재미있는 '우리 아이 책 읽게 하기' 실험을 해보았어요. 이른바 매일 한 권의 책을 읽는 아이 만들기 프로젝트입니다. 바로 저와 저의 아들 지우의 책 읽기 실험인데요. 이 프로젝트를 실행하면서 책을 읽지 않던 저의 아들 지우가 매일 한 권씩 책 읽기를 시작해 2년 가까이 실천하고 있어요.

사실 지우는 아주 평범한 아이였답니다. 공부를 살하는 편도 아니고, 운동을 잘해서 친구들에게 인기가 있었던 것도 아니었지요. 컴퓨터 게임을 아주 좋아하며 만화책을 좋아하고 4학년 때까지 글보다 그림이 더 많은 동화책을 가끔씩 읽는 정도였어요.

그런 지우가 1년 반 전쯤 '1일 1독서'를 처음 시작하게 됐어요. 4학년 2학기부터 시작해서 지금까지 짧지 않은 시간 동안 지우는 스스로 매일 책 한 권을 읽고, 읽은 책의 내용을 하루도 빠짐없이 아빠에게 발표하고 있답니다.

늘 컴퓨터 게임만 즐기는 아이, 책 읽기를 싫어하던 아이, 기껏 그림동화나 어린이용 만화만 보던 아이가 '독서를 사랑하고 매일매일 책 읽는 독서 습관을 지닌 아이'가 된 거예요.

매일매일 지우가 읽는 책들은 다양합니다. 학년 필독·권장도서는 물론이고, 때로는 중학생 수준의 청소년 추천도서에서 어른용 도서까지 읽을 정도가 되었습니다. 불과 1년 반 만에 말이지요. 당연히 지식은 쑥쑥 자라고 독서력이나 발표 능력도 부쩍 늘었어요. 무엇보다 내성적이고 조용했던 지우가 자신감을 가지게 됐다는 점이지요!

네, 맞아요. 이 책은 바로 지우가 매일 한 권의 책을 읽고 발표하는 습관을 가질 수 있게 만든 '1일 1독서 프로젝트'에 대한 이야기입니다. 이 놀랍고 흥미로운 우리들의 1일 1독서의 비밀을 전 세계 모든 부모와 어린이 친구들에게 소개하고 싶어요. 이 책을 통해 매일 한 권의 책을 읽는 아이가 더 많아지게 되면 얼마나 좋을까요?

1일 1독서는 특별한 부모나 아이들만 할 수 있는 건 아니랍니다. 지금껏 책 한 권 제대로 읽어보지 못한 아이라도 상관없어요. '책' 하면 손사래를 쳤던 지우도 1일 1독서에 도전해서 지금까지 훌륭히 해내고 있으니 말이죠.

이제부터 책을 읽는 자녀에 대한 우리의 유쾌한 상상을 현실에서 펼쳐보세요!

"우리 아이도 매일 책을 읽고 발표하게 될 거야!"

그렇게 멋진 그림을 마음속에 그려보세요! 그런 후 이 책에 소개된 1일 1독서 프로젝트의 아이디어를 가지고 아이와 함께 재미있는 도전을 해보길 바랍니다. 아이들과 다양한 규칙도 만들고, 재미있는 '협상'도 해보는 거지요. 한번 도전해보세요.

사실 책을 읽지 않고 꿈을 이룬 사람은 거의 없습니다. 이건 정말 진리인 것 같아요! 아무쪼록 이 책을 통해 매일 한 권의 책을 읽는, 책을 좋아하는 아이, 그래서 미래에 멋진 꿈을 이룰 수 있는 또 한 명의 아이가 탄생하길 바랄게요.

끝으로 이 책의 원고를 꼼꼼히 교열해주고 아낌없는 조언과 아이디어를 내준 지우의 소중한 누나, 초등학교 6학년 딸 서정이에게 감사의 마음을 여기에 남기고 싶습니다.

세상 모든 어린이의 1일 1독서 성공을 빌며,

지우와 지우 아빠가

C.O.N.T.E.N.T.S.

책 읽는 아이는
특별한 아이일까요?

2장 1일 1독서 프로젝트 go! go!

3장 1일 1독서의 기적

4장 1일 1독서 프로젝트의 윤활유

5장 1일 1독서, 어떤 책을 선택할까?

1장

책 읽는 아이는
특별한 아이일까요?

01

이 세상에
책이 없다면 어떻게 될까?

"책이 없다면 신도 침묵을 지키고, 정의는 잠자며, 자연과학은 정지되고, 철학도 문학도 없을 것이다. 신이 인간에게 책이라는 구원의 손을 주지 않았더라면, 지상의 모든 영광은 망각 속에 되 묻히고 말았을 것이다."

_리처드 드베리(영국 더럼의 주교, 에드워드 2세의 재정관과 대법관)

"예전에 살았던 위대하고 현명한 사람들의 그림자를 불러내 흥미로운 주제에 대해 이야기를 나누자고 청할 수 있는 능력이 우리에게 있다고 상상해보라. 이 얼마나 대단한 특권인가? 다른 평범한 즐거움에 비할 바가 아니다. 책이 들어찬 도서관에서 우리는 바로 이런 능력을 가질 수 있다."

_에어컨(영국의 시인)

"그들은 나이와 국적이 다양하다. 그들은 집 안에서든 집 밖에서든 어디에서나 눈에 띄며 그 박식함 때문에 높은 명예를 지니고 있다. 그들은 날 귀찮게 하지 않으면서도 내가 뭔가를 질문할 때면 즉시 대답해준다."

_페트라르크(이탈리아 시인의 책 예찬)

"이 세상에 책이 한 권도 없다면 어떻게 될까요?"

이런 상상을 한 번쯤 해본 적 있나요? 만약 학교에서 배울 수 있는 교과서도 없고, 도서관에 책 한 권도 없다고 생각해보세요. 집에서도 읽을 책이 없고, 그 어디도 책이 없는 거죠! 그럼, 어떨 것 같나요?

"왠지 너무 너무 불안해질 것 같아."

혹시 이런 생각이 들지 않으세요? 정보를 얻을 길이 꽉 막히고 막막해질 것 같은 느낌! 아마도 책이 없는 세상에서는 사람들이 금세 바보처럼 살아가게 되지 않을까요?

과거의 역사나 위대한 인물 그리고 다른 사람들의 연구 결과 기록도, 깊이 있는 학문이나 지식, 과학에 관련된 지식이나 지혜도 우린 더 이상 알 수 없게 될 것입니다. 우리가 알고 있는 지식과 생각만으로 자녀를 교육시키고 정보를 준다는 건 엄청난 두려움입니다.

'다른 환경에서 생활하는 사람들은 어떻게 살아갈까?'

'다른 나라 사람들은 어떤 문화와 풍습을 가지고 있을까?'

'위인이나 위대한 사람들은 어떤 과정을 통해 인류에게 도움이 되는 지혜를 발견할 수 있었을까?'

책이 사라진다는 건 이처럼 인간이 발전해온 과거가 모조리 사라져버린다는 것이고, 많은 사람이 경험과 실험을 통해 오랜 세월 축적해온 지식들이 순식간에 사라지는 거지요.

역사책을 읽으면 인류가 사회를 어떻게 발전시켜 왔는지에 대한 과거 사실들을 알 수 있습니다. 철학책을 읽으면 사람들이 어떻게 생각하는지, 세상을 어떻게 바라보는지에 대해서도 이해할 수 있고요.

과학책은 세상만물이 작동되는 원리를 알 수 있게 해줍니다. 다양한 소설들과 예술 관련 책들은 즐거움을 주고, 미술작품을 감상할 수 있게 해주며, 음악을 연주할 수 있게 해주지요. 이 외에도 위인전은 역사 속에서 위대한 업적을 이룬 인물에 대한 이야기를 알려줍니다.

그런데 세상에 책이 없다면 아이들에게 전해줄 수 있는 정보가 고작 우리가 아는 지식과 경험했던 정보들, 주변에서 만나는 친구나 친척들이 들려주는 이야기로 좁혀지니, 세상이 그만큼 작아지겠죠. 다시 말해 우리는 아주 작은 세상에서 살게 된다는 의미입니다.

우리 아이들에게 어릴 적부터 책을 좋아하게 만들고, 다양한 책을 읽도록 해준다는 건 정말 중요하다고 생각합니다. 자녀가 세상을 살아갈 때 필요한 지식과 지혜를 부모나 가족이 모두 알려줄 수 없는 시대이기 때문이지요.

사람은 이만하면 됐다 싶을 정도로 충분히 많은 경험을 할 수 있을 만큼 영원히 살 수 없잖아요. 이때 책은 시공간을 넘나들며 간접 경험을 할 수 있게 도와주는 '타임머신'이라고 할 수 있지요.

책이 있다는 건 과거와 미래를 넘나들고, 다른 나라와 세계, 그리고 우주와 소통할 수 있다는 것을 의미합니다. 반면, 책이 없다는 건 우리 동네, 가족이 세상의 전부가 된다는 것이죠.

책을 읽으면 아주 적은 비용으로 시공간을 초월하여 다른 사람들의 경험을 우리 아이들에게 경험할 수 있게 하고, 사람들이 알고 있는 지식을 아이들의 것이 되게 합니다. 1,000권의 책을 읽는다는 건 우리 아이가 수천 명의 사람들이 돼 보고, 그들의 경험과 지혜를 얻게 된다는 의미지요.

아이에게 한 번 물어봐주세요.

"너는 지금까지 몇 명의 사람들을 만나보았니?"
"너는 지금까지 몇 명의 사람이 돼 보았니?"

손가락에 꼽을 정도라면 이번 기회에 시간과 공간을 넘어 여러 사람으로 살아보는 '분신술'을 발휘할 수 있도록 도와주는 건 어떨까요? 방법은 아주 간단합니다. 책 읽기가 바로 손오공의 분신술이라고 할 수 있습니다.

우리 아이가 매일매일 책 읽기에 도전할 수 있도록 도와주세요! 그러면 매일매일 다른 사람이 돼 과거, 현재, 미래, 이곳 저곳으로 시공간을 넘나들며 그들의 경험과 지식과 지혜를 얻을 수 있게 될 것입니다.

책은 손오공의 '분신술'입니다. 다양한 책을 통해 시공간을 넘나드는 경험을 할 수도 있고, 수천 명의 경험과 지식, 지혜를 얻을 수 있습니다.

세상을
샅샅이 볼 수 있는 천리경

〈세 왕자의 선물〉 이야기를 알고 있나요? 우선 그 얘기를 먼저 들려줄 게요.

옛날, 옛날 아주 먼 옛날, 한 왕이 살고 있었답니다. 왕에게는 아름다운 공주 한 명이 있었는데, 어느 날 왕은 공주의 신랑감을 찾는 방을 붙였지요.

"이 세상에서 가장 특별한 선물을 가져오는 왕자를 공주의 신랑감으로 삼겠노라."

이 소식을 들은 이웃나라 왕자들의 눈이 반짝반짝 빛났어요.

'반드시 내가 1등을 하고 말 거야. 아름답기로 소문난 공주를 아

내를 맞이할 수 있다니, 생각만 해도 신나는걸.'

왕자들은 모두 이런 생각을 하며 자신의 나라에서 찾아낸 귀한 물건을 가지고 공주가 살고 있는 왕궁으로 향했습니다. 그들 틈에는 특별한 선물을 준비한 세 왕자도 있었지요. 그들은 정말로 기상천외한 선물을 하나씩 가지고 있었답니다.

"이 선물이야말로 세상에 단 하나밖에 없는 최고의 보물이지."

첫 번째의 왕자는 어떤 병이나 상처에도 해가 지기 전에 먹으면 목숨을 구할 수 있는 '불사약'을 가지고 있었습니다. 두 번째 왕자는 단숨에 천리 길을 달려갈 수 있는 '천리마'를, 세 번째 왕자는 가만히 앉아서도 천리 밖을 내다볼 수 있는 '천리경'을 가지고 있었지요.

우연히 그들 셋은 일행이 되어 공주가 사는 나라로 향했습니다. 그런데 그만 예기치 않는 사건이 벌어졌지 뭡니까?

"우리 공주님이 잘 지내고 계실까?"

천리 밖을 볼 수 있는 천리경을 가진 왕자가 왕궁을 살펴보고 소스라치게 놀랐습니다.

"공주님이 독사에 물려 죽어가고 계셔."

그들은 이심전심, 급히 두 번째 왕자의 천리마에 함께 올라타고 순식간에 궁궐로 내달렸습니다. 그리고 온몸에 독이 퍼져 숨이 넘어갈 지경에 이른 공주에게 첫 번째 왕자가 가지고 있던 불사약을 먹였답니다.

아주 다행히 공주는 무사히 깨어났지요. 이렇게 세 왕자는 서로의 보물을 차례로 사용해 공주의 목숨을 구해냈습니다.

온 나라는 큰 잔치가 벌어졌습니다. 공주가 다시 건강을 회복하자 가장 기뻐한 사람은 왕이었습니다. 그러나 기쁨도 잠시, 이내 깊은 근심에 빠지고 말았지요.

'세 왕자가 가지고 있었던 보물은 모두 귀하고 또 모두 공주를 구하는 데 결정적인 역할을 했어. 세 명의 신랑을 맞이할 수도 없는 노릇이고. 아, 이중 어떤 보물을 가진 왕자를 공주의 신랑감으로 선택해야 하나? 아아, 어쩐다?'

왕은 다크서클이 턱까지 내려올 정도로 고민에 빠졌고, 결정을 내지 못하고 하루하루 시간만 흘려보내고 있었습니다.

자, 지금부터 한 번 생각해볼까요?

만약 내가 왕이라면 어떤 선물을 가장 귀한 보물로 생각할까요?

다시 말해 어떤 왕자를 사윗감으로 뽑을까요?

선택했다면 그 이유에 대해 곰곰이 생각해보세요.

사실 세 왕자가 가져온 보물은 하나같이 최고의 가치를 가지고 있고, 그 가치는 어느 것과 비교할 수 없을 정도로 귀한 것이에요.

그 보물들은 각자 고유하고 특별한 가치를 가지고 있습니다. 예를 들면 불사약은 '귀한 음식'의 가치일 것이고, 천리마는 '자동차'의 가치를 지니고 있을 거예요. 그럼 천리경은 어떨까요?

제가 생각하기에 천리경은 아마 '책'의 가치가 아닐까 생각합니다. 왜냐하면 우리는 책을 통해 과거와 현재 다른 사람들이 알고 있는 정보와 지식, 지혜를 얻을 수 있기 때문이지요.

만약 내가 왕이라면 가장 가치 있는, 세상에서 가장 귀한 보물로 천리경을 선택하고 싶은 이유이지요. 천리경이란 바로 저에게 책이자 도서관, 인터넷, 정보, 지식, 지혜, 창의의 가치를 가지고 있다고 생각하니까요.

주변을 자세히 살펴보면 우리 모두는 천리 밖을 볼 수 있는 천리경을 가지고 있습니다. 또 과거 수천 년 전을 볼 수 있고, 위대한 인물을 언제 어디서나 만날 수 있지요. 그 천리경은 바로 집에서, 학교에서, 도서관에서, 서점에서 볼 수 있는 '책'이에요.

우리 아이가 책을 많이 읽도록 돕는 일은 천리경이란 수많은 귀한 보물을 선물로 주는 것과 같다고 생각해요. 책이라는 천리경을 통해 우리는 많은 사람이 터득한 지식과 정보, 지혜를 쉽게 얻을 수 있으니까요. 그렇다면 우리 아이는 그 새로운 지식과 정보, 그리고 다양한 옛 지혜들을 잘 조합해서 우리 세상을 더 멋지게 만들 아이디어를 얻을 수 있을 거예요.

책은 '천리경'입니다. 책이라는 천리경을 통해 과거 위대한 인물들을 언제 어디서나 만나볼 수 있습니다. 그렇게 얻은 지식과 지혜를 잘 조합한다면 멋진 아이디어를 얻을 수 있게 될 것입니다.

아이의
뇌 도서관 채우기

"사람은 누구나 도서관을 하나씩 가지고 있어요."

우리 머리에는 생각과 지식 저장고인 뇌 도서관이 있답니다. 뇌 도서관은 기억을 장기적으로 저장해두는 장소라고 할 수 있어요.

장기 기억은 어린 시절부터 지금까지 듣고 보고 읽고 기억한 중요한 정보들로 구성됩니다. 일반적으로 잠자는 동안 뇌 속의 해마와 렘수면 시간 전후 등 여러 기능과 조건들이 결합되어 필요한 기억과 불필요한 기억을 분류합니다.

그 후 불필요한 기억을 지워버리고, 필요한 기억들은 대뇌 신피질, 즉 뇌 도서관이라고 할 수 있는 장기기억 저장소에 저장해두지요.

우리가 매일 잠자는 동안 우리 뇌는 이 작업을 멈추지 않고 진행하고 있습니다. 참 신기하지 않나요? 뇌의 놀라운 신비가 말이요.

그러나 아직은 우리의 뇌 도서관에 얼마나 많은 데이터가 저장되어 있는지 자세히 알지 못합니다. 그저 절실히 필요할 때 토스트 기계에 넣은 빵처럼 툭툭 튀어나온다는 사실 정도만 알고 있습니다.

우리의 뇌 도서관에서는 다양한 정보들이 저장되어 있어서 아이디어나 영감이 필요할 때 바로바로 꺼내 떠올릴 수 있어요.

위대한 발명가나 과학자들은 자신이 깨달은 바를 다음과 같이 표현하곤 합니다.

"답은 과거에 있다."

이 말은 우리가 떠올리는 기막힌 생각이나 아이디어들은 대부분 이전에 뇌 도서관에 저장된 지식과 정보들이 새롭게 조합되거나 섞여 나오게 된다는 이야기입니다.

물론 우리의 뇌 도서관에 더 많은 정보, 더 많은 기억, 더 많은 데이터가 저장되어 있을수록 더 새롭고 기발한 아이디어가 튀어나올 확률이 높아집니다. 재료가 많으면 더 다양한 요리를 만들 수 있는 것과 같은 이치입니다.

우리가 가끔 먹는 '비빔밥'을 떠올리면 쉽게 이해할 수 있습니다. 비빔밥은 다양한 야채와 고기에 고추장, 참기름이 조합되어 나옵니다. 때로는 바다에서 나는 해초라든지, 갓 난 새싹이라든지 풍부한 재료가 있다면 훨씬 더 다양한 종류의 비빔밥을 만들 수 있어요.

마찬가지로 우리 뇌 도서관에 풍부한 정보가 저장되어 있다면 위대한 영감을 끄집어내는 데 더 많은 도움이 되겠죠.

▶우리의 뇌 도서관의 정보와 창조적 아이디어의 관계

① 적은 뇌 도서관 데이터 + 얕은 집중 = 수준 낮은 아이디어

② 많은 뇌 도서관 데이터 + 얕은 집중 = 고만고만한 아이디어

③ 적은 뇌 도서관 데이터 + 깊은 집중 = 고만고만한 아이디어

④ 많은 뇌 도서관 데이터 + 깊은 집중 = 창조적인 아이디어(영감)

창조적인 아이디어는 우리 뇌 속에 데이터양과 집중도에 정비례한다고 볼 수 있습니다.

옛말에 '삼상사(三上思)'라는 말이 있어요. 석 삼, 위 상, 생각 사, 즉 세 가지 '위'에 있으면 생각이나 아이디어가 더 잘 떠오른다는 말로, 조상들의 지혜를 엿볼 수 있지요.

그럼 그 세 가지 '위'가 뭘까요? 그건 바로 잠자기 전 베개 위, 화장실 변기 위, 산책하는 달리는 말 위를 의미한답니다. 삼상사는 어떤 특별한 작업을 하지 않으면서 우리 뇌 도서관을 들여다볼 수 있는 시간이라고 할 수 있어요.

어쨌든 우리가 좀 더 좋은 생각, 좋은 아이디어를 얻기 위해서는 평소에 꾸준히 우리의 뇌 도서관을 채우는 게 중요합니다.

지금부터 우리 아이들의 뇌 도서관에 관심을 가져보세요. 자녀의 뇌 도서관 안에 충분한 재료들이 채워지고 있나요? 뇌 도서관을 채운다는 건 많은 것을 암기한다는 의미보다는 우리가 보고 듣고 느낀 것뿐만 아니라 책을 통해 많은 사람의 생각과 경험과 지혜를 채우는 것입니다.

아이들이 커가면서 꼭 필요한 아이디어나 소중한 영감을 얻기 위해서는 아이 스스로 끊임없이 학습하고 연습하고 경험하면서 뇌 도서관을 채울 수 있는 습관을 만들어주어야 합니다. 그 중 가장 편리한 방법이 바로 독서라고 할 수 있지요.

혹시 우리 아이들의 '지능지수(IQ)'에 대해 관심이 많나요? 사실 어른이 되고 난 후 인생을 살아가는 데 지능지수가 중요한 것이 아니란 걸 알게 됩니다. 실제로 성공한 인물의 지능지수는 대부분 보통사람보다 약간 높은 115~130 정도에 불과하다고 합니다. 그들이 성공한 이유는 지능지수보다 그저 자신이 좋아하는 분야의 책을 많이 읽음으로써 뇌 도서관에 지식과 정보를 채워 지혜를 발견했기 때문입니다.

단 하나 부정할 수 없는 사실!
성공한 사람들의 공통점을 보면 하나같이 '독서광'이라는 점이죠.

'매일 한 가지씩 아이디어를 찾아야 한다'고 말한 유명한 벤처창업가이자 부자인 소프트뱅크 손정의 회장은 간염으로 병원에 입원해 있을 때도 책 읽기를 멈추지 않았다고 해요. 지금까지 읽은 책이 무려 4천 권이 넘는다고 합니다.

세종대왕, 링컨, 에디슨, 아인슈타인, 잭 웰치 등 많은 성취한 사람들의 독서 사랑 이야기를 떠올려 보면 금세 알 수 있지요. 책(수많은 데이터)을 많이 읽지 않고 창의적인 아이디어를 낼 수 없고, 책을 읽지 않고 위대한 성공을 거둔 사람은 결코 없습니다.

책 읽기 준비운동 ❸

아이의 뇌 도서관에 정보를 채우는 가장 편리한 방법은 책 읽기입니다. 뇌 도서관에 지식이 가득 채워질수록 좋은 아이디어가 샘솟게 됩니다.

세상을 바꾼 위대한 책벌레들

세종대왕 좋은 책을 백 번 읽고 백번 생각하다.

이덕무 책으로 마음과 정신을 다스리다.

김득신 좋은 옛글 중 짧은 글을 반복해서 읽다.

나폴레옹 책 속에서 창의력과 용기를 얻다.

링컨 날마다 읽고 생각하고 외우고 쓰다.

에디슨 끊임없이 의심하고 생각하며 책을 읽다.

헬렌 켈러 책 읽기로 장애를 극복하다.

정조대왕 세상을 보는 눈과 마음을 책으로 키우다.

이황 온 정신을 집중하여 책을 읽다.

서경덕 책을 통해 사물의 이치를 배우다.

뉴턴 책을 읽다 생기는 의문은 메모하여 해답을 찾다.

플랭클린 작가의 생각에 귀를 기울이며 책을 읽다.

처질 책에서 읽은 좋은 단어와 문장을 외우다.

헤르만 헤세 마음에 드는 책부터 읽기 시작하다.

*《세상을 바꾼 위대한 책벌레들》(김문태, 뜨인돌어린이)이란 책에서 소개한 14명의 위인들이 들려주는 특별한 독서 비법

독서의 힘,
우리 아이의 잠재력을 깨우다

'하루라도 책을 읽지 않으면 입안에 가시가 돋는다(一日不讀書口中生荊棘)'라고 말한 안중근 의사, '하버드대 졸업장보다 독서하는 습관이 더 소중하다'라고 말한 마이크로소프트의 빌 게이츠 회장, 전쟁터에서도 늘 책을 놓지 않았으며 1,000여 권의 책을 싣고 이집트 원정을 떠났다는 나폴레옹, 도서관에 처박혀 2년 동안 수백 권의 책을 읽었다는 베스트셀러 소설가. 여름 내내 도서관에서 우리 현대사를 모두 읽었다는 한 언론인, '책벌레'였기 때문에 사랑하는 여자와 결혼할 수 있었다는 기생충 박사 서민 교수의 이야기 등 세상의 유명한 사람이나 똑똑하다고 소문난 사람 그리고 세상의 발걸음을 더 진보시킨 사람들의 공통점을 단 한 가지만 꼽으라고 한다면 아마 '독서'일 것입니다.

풍부한 상식과 넘치는 자신감을 갖고 활력 있게 살아가는 사람들의 공통점을 꼽으라고 한다면 그 또한 '독서'입니다.

앞에서도 잠깐 말했지만, 인간은 누구나 시간과 공간의 제약 속에 살고 있습니다. 인간은 길어야 100년 정도 살지요. 평생 동안 잠자는 시간, 밥 먹는 시간, 공부하는 시간, 일하는 시간이 필요합니다. 그러다 보니 당연히 다른 사람이 되어 살아볼 시간이 없고, 순간이동을 해서 한국에도 있으면서 동시에 미국이나 영국에 가서 다양한 체험을 해볼 수도 없지요. 게다가 과거나 미래를 여행할 수도 절대 없답니다.

그러나 그 시간을 헤집고 공간을 초월할 수 있는 방법이 딱 하나 있습니다. 그게 바로 책을 읽는 일이지요. 책 읽기는 시공간을 초월하여 다른 사람들의 생각과 수많은 경험을 할 수 있는 최고의 방법입니다.

책은 많은 사람의 지혜를 가장 간단하게 얻을 수 있는 수단이지요. 또한 책은 가장 쉽게 나를 혁신시키고 해답을 보여주는 친구입니다. 우리 아이들에게 책이란 친구를 사귈 수 있도록 도와주면 아이들은 아주 쉽게 세상을 폭넓게 보는 안목을 키울 수 있답니다.

당연히 아이들이 스스로 책을 꾸준히 읽고 또 읽은 책을 발표해보는 습관을 가지게 된다면 아이들은 더 많은 걸 얻을 수 있게 되지요.

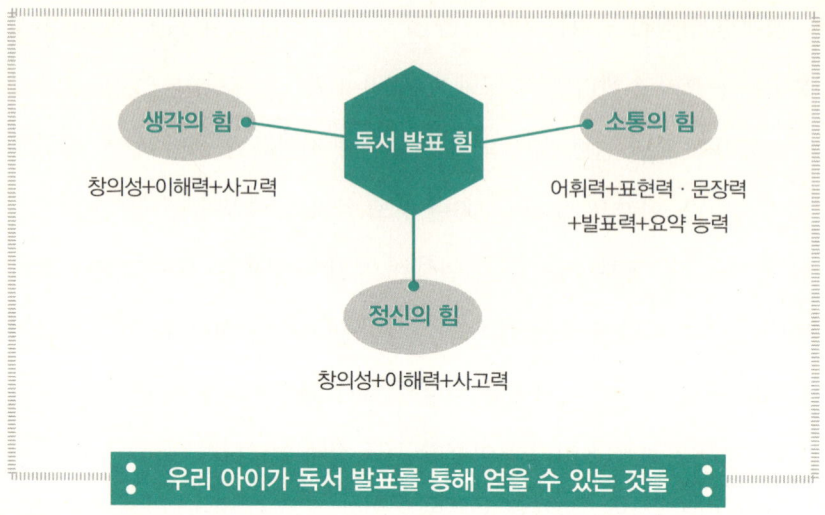

우리 아이가 독서 발표를 통해 얻을 수 있는 것들

자, 독서가 우리 아이들에게 어떤 능력을 키워줄 수 있는지 좀 더 구체적으로 생각해볼까요?

창의성 책 속에 길이 있다는 말 들어보셨나요? 현실에서 나에게 닥친 여러 가지 문제를 해결할 수 있는 지혜를 얻을 수 있다는 말이지요! 책은 우리를 아이디어꾼으로 만들어줍니다. 우리 뇌 속에 다양한 지식, 정보, 경험을 섞으면 반짝 하고 아이디어나 좋은 영감이 나오는 거지요. 책을 많이 읽을수록 더 다양한 관점을 가질 수 있고, 좋은 생각과 더 다양한 아이디어를 떠올릴 수 있답니다.

이해력 　우리는 평생 글로 되어 있는 시험을 보거나 다양한 글자 정보들 속에 아주 중요한 정보나 핵심사항들을 아주 빨리 찾아내야만 합니다. 책을 많이 읽을수록 지은이가 책을 통해 어떤 이야기를 하려고 하는지, 어떤 정보나 지혜를 주려고 하는지 더 쉽게 파악할 수 있게 됩니다. 책을 많이 읽으면 시험을 볼 때도 문제나 지문의 핵심이 무엇인지 금세 파악할 수 있기 때문에 좋은 성적을 얻을 확률이 높아지게 된답니다.

사고력 　사고력은 생각하는 힘이라고 할 수 있지요. 생각이란 어떤 정보의 재료를 다각적으로 수집한 후 이들 정보의 재료를 조합하여 지금 우리에게 꼭 필요한 해답이나 지혜를 찾아내는 과정이라고 할 수 있습니다. 또 책을 통해 수많은 일이 '왜(why)' 일어났는지에 대해 이해할 수 있게 되니까 어떤 원인에 어떤 결과, 혹은 결과에 대한 원인이 무엇인지 잘 파악할 수 있게 되지요. 책을 많이 읽다 보면 자연스럽게 정보를 수집하여 조합시키는 능력이 향상되고, 어떤 원인에서 어떤 결과로 이어지는지 인과관계를 찾아내는 능력인 사고력을 키울 수 있습니다.

어휘력 　책을 읽으면 수많은 단어를 만나게 되지요. 풍부한 어휘들을 접하면서 생각의 범위가 점점 확장되는 거랍니다. 어휘가 풍부해지는 만큼 우리는 더 많은 세상을 볼 수 있지요. 더 많은 정보를 쉽게 이해할 수 있게 되는 것입니다. 만약 '자기장'이란 단어를 모른다면 우리 실제 '자기장'이란 게 있는지도 모를 겁니다. 그러니 어휘를 아는 만큼 우리의 뇌 도서관에 지식이 채워지는 거랍니다.

표현력 · 문장력 어휘력이 풍부해지고 다양한 정보와 지식이 머릿속에 있고, 좋은 아이디어나 지혜가 있다는 건 그만큼 더 잘 표현할 수 있고 더 좋은 문장을 쓸 수 있다는 의미입니다. 그러면 상대방이 더 잘 이해할 수 있도록 올바른 표현과 문장을 사용할 수 있게 됩니다. 한마디로 다른 사람들을 이해시키고 설득시킬 수 있는 능력이 아주 커진다는 말이지요.

발표력 아이가 책을 읽는 것에 그치지 않고 발표를 할 수 있도록 기회를 주세요! 굳이 발표라고 생각하지 않아도 좋아요. 책에 대한 정보나 줄거리를 다른 사람에게 이야기하는 식으로 들려주는 거예요. 그렇게 하면 아이는 책 내용을 훨씬 더 오랫동안 기억할 수 있게 되고, 점점 더 조리 있게 말을 전달할 수 있게 됩니다. 또한 아이는 자신이 하고 싶은 이야기를 머릿속에 효과적으로 정리하고 잘 발표할 수 있는 능력이 점점 커지게 될 거예요!

**요약
능력** 책을 읽고 발표하는 습관을 가진다는 건 많은 정보 중에 의미 있거나 특별한 정보를 발췌해내고 그것을 요약하는 능력을 키워준다는 점에서도 아주 중요합니다. 그런데 요약하는 능력이 왜 그토록 중요할까요? 우리는 살면서 방대한 정보를 끊임없이 요약하면서 살아가야 하기 때문이에요. 발표도 요약이고, 숙제도 요약이고, 회사에서 하는 일들의 대부분도 정보를 요약하는 일이랍니다. 방대한 내용에서 핵심을 발췌하여 잘 요약해내는 능력은 인생에서 아주 중요한 성공의 비결인 것입니다.

**도전
정신** 책 읽기는 늘 도전정신이 요구됩니다. 두꺼운 책의 첫 장을 넘기면서 읽겠다고 마음을 먹는 건 누구에게나 쉬운 일이 아니기 때문이지요. 아이 스스로가 선택한 책을 한 권 한 권 읽는 순간은 '그래 한번 해보는 거야'라고 마음속에 도전정신을 새기는 과정이지요. 독서는 아이에게 늘 도전정신을 요구한답니다. 그리고 그 도전에 성공했을 때 아이의 도전정신은 더욱 더 쑥쑥 커지는 거지요.

자신감 독서가 아이들에게 주는 가장 큰 선물은 바로 뭐든지 부딪혀보고 도전해보겠다는 '자신감'입니다. 아이의 뇌 도서관에 많은 지식과 지혜를 채운다면 새로운 일에 좀 더 자신 있게 도전할 수 있게 됩니다. '실패하면 어때? 성공하지 못하면 어때?' 이런 마음을 가질 수 있는 것은 책을 통해 많은 사람이 실패를 통해 더 큰 성공을 거머쥐었다는 사실을 이미 잘 알고 있기 때문이지요.

자존감 자존감은 자신에 대한 긍정적인 마음입니다. 자신을 사랑하는 마음은 정말 중요합니다. 나는 남들과 비교할 수 없는 존재입니다. 아이가 다른 친구들보다 못 하는 것도 많지만 다른 친구들이 못 하는 걸 자신이 잘할 수 있다는 사실을 스스로 발견해야 합니다. 비록 키가 작거나 장애를 갖고 태어났을 수도 있지만, 혹은 국어나 산수를 못 할 수도 있지만, 아니면 아주 잘 생기거나 예쁘지는 않지만, 책을 많이 읽게되면 세상에서 정말 많은 일을 할 수 있고, 그중에 아이 스스로 잘할 수 있는 것을 찾아낼 가능성이 매우 커집니다. 또 독서량이 많아질수록 정보와 지혜가 늘어나게 되어 자신에 대한 자부심이 생기는 거지요.

책 읽기 준비운동 ❹

독서는 아이들의 잠재력을 깨우는 가장 확실한 방법입니다. 책 읽기를 통해 창의성, 이해력, 사고력, 어휘력, 표현력·문장력, 발표력, 요약 능력, 도전정신 그리고 자신감을 키워줄 수 있습니다.

책 읽기도
재미있고, 유쾌하게!

이쯤 되면 궁금증 하나가 생기지 않나요? 이렇게 푸짐한 선물을 안겨 주는 독서를 아이들은 왜 그토록 싫어할까요? 우리가 이미 충분히 알고 있듯이 아마도 독서가 그리 쉽지 않기 때문일 겁니다. 아이들에게 이렇게 물어보세요.

"책 읽기가 좋아? 아니면 컴퓨터나 스마트폰 게임이 더 좋아?"

당연히 컴퓨터나 스마트폰 게임이 더 즐겁고 재미있다고 할 거예요!

"게임 그만하고 너도 책 좀 읽어."

이런 아이들에게 부모님이 매일 이런 말을 하면 아이는 당연히 듣기 싫겠지요?

사실 꾸준히 책을 읽는다는 건 아이들 입장에서 그리 쉬운 일이 아닌 것 같아요. 책 읽기를 하겠다면 정말 엄청난 용기가 필요하다고 생각합니다. 그런 도전정신이 하루아침에 뚝딱 만들어지는 것도 아니지요.

그래서 아이들에게 책 읽기를 습관화시키기 위해서는 꼭 하고 싶은 마음이 생길 수 있도록 동기부여가 필요하다고 생각합니다. 그리고 꼭 오늘 책을 읽어야겠다는 절실함 같은 것도 필요할 것이고, 또 책 읽기를 즐기는 마음도 필요할 거예요.

아이가 독서를 시작하도록 만드는 첫 번째 방법인 절실한 마음에 대해 함께 생각해볼까요?

고대 그리스 철학자 소크라테스(Socrates)에 얽힌, 새로운 진리 찾기에 도전하기 위해서는 정말로 절실한 마음이 얼마나 필요한지 깨우쳐주는 이야기입니다.

한 젊은이가 현자인 소크라테스를 찾아와 이렇게 말했습니다.
"선생님이 알고 계신 지식을 모두 가르쳐주십시오."
소크라테스가 말하길 "그게 소원이라면 나와 같이 강가로 가자"라고 했습니다. 의아해하면서도 청년은 강가로 갔어요.
강가에 이르자 소크라테스는 젊은이에게 이렇게 말했답니다.
"물을 가까이 들여다보고 뭐가 보이는지 내게 알려주시오."

청년은 한참을 물을 들여다보곤 말했어요.

"아무것도 안 보이는데요."

그러자 소크라테스는 좀 더 머리를 숙여 자세히 보라고 했어요.

청년이 머리를 더 숙이자 소크라테스는 청년의 머리를 물 속에 처박아버렸지 뭐예요?

소크라테스는 두 팔을 휘저으며 한참을 버둥대던 청년을 꺼내 풀밭에 눕혔어요.

숨을 몰아쉬던 청년은 소크라테스에게 따지듯 물었지요.

"미쳤어요? 도대체 뭐 하는 짓이에요? 하마터면 정말 죽을 뻔했잖아요."

그 말을 듣자 소크라테스는 청년에게 되물었답니다.

"물속에 빠지니 뭐가 생각나던가?"

"그야 당연히 숨 쉬고 싶다는 생각뿐이었죠."

청년이 대답했지요.

소크라테스는 청년을 물끄러미 들여다보더니 청년에게 다음과 같은 들려주었어요.

"지혜란 쉽게 얻어지는 것이 아니네. 방금 물속에서 숨 쉬고 싶다는 절박한 심정으로 진리를 구할 때 진리를 얻을 수 있는 게야. 진리를 정말 간절히 얻고 싶을 때 그때 다시 나를 찾아오게나."

소크라테스는 그 말을 남기고 휑 하니 떠나버렸대요.

아이들이 독서를 시작하는 마음을 갖도록 할 때도 간절히 뭔가를 얻고 싶은 욕망이 있어야 한다고 생각해요! 아이스크림을 먹고 싶은 간절함, 최신 스마트폰을 갖고 싶은 소망, 게임을 신나게 하고 싶은 마음을 독서를 통해서도 찾아낼 순 없을까요?

책 속에서 지혜나 지식, 다른 사람들의 생각이나 경험을 얻겠다는 생각도 좋아요. 책을 통해 학교 성적을 올려보겠다는 욕심도 가능하지요.

책을 꾸준히 읽었을 때 성취감이나 부모님의 칭찬, 다양한 보상도 책을 읽겠다는 간절한 마음을 갖는 데 도움이 될 것입니다. 어쨌든 세상에 공짜로 얻을 수 있는 건 아무것도 없으니까요.

아이가 독서를 시작할 수 있는 두 번째 마음가짐인 꾸준히 할 수 있다는 마음에 대해서도 생각해볼까요?

꾸준히 할 수 있다는 건 단순히 노력하고 열심히 하는 것과는 좀 다릅니다.

2,399번의 실패 끝에 전구실험에 성공한 에디슨의 이야기를 들어보셨을 거예요. 아마 아이들에게 2,399번을 도전하라고 강요하면, 그건 어쩌면 지독한 학대가 될 거예요. 사실 에디슨에게는 몇 번 도전을 했는지가 중요하지 않았어요. 그냥 그 전구실험을 하는 게 시간 가는 줄 모르게 즐겁고 재미있었던 것뿐이니까요.

뭔가에 즐거움을 느낀다면 저절로 몰입하게 되고, 좋아하는 습관이 되면 수천 번도 수만 번도 포기하지 않고 도전할 수 있게 되지요.

독서도 마찬가지일 거예요. 책을 읽으면서 자신이 가보지 못한 세상, 자신이 생각하지 못한 지혜, 자기 스스로 결코 만날 수 없는 사람들, 자신이 결코 상상하지 못했던 일들을 경험하게 된다는 것이 얼마나 재미있는 일인지 알게 되면 누구나 매일매일 재미있고 유쾌한 책 읽는 습관을 가질 수 있을 거예요.

세상의 모든 부모는 기억해야 합니다. 책 읽기는 그리 쉬운 일이 아니라는 사실을 말이에요. 하지만 아이가 어떤 절실함을 가지고 책을 읽고 책 속에서 즐거움을 발견할 수 있게 만들어준다면 우리 자녀 역시 매일 책 읽는 아이로 변화시킬 수 있습니다.

책 읽기 준비운동 ⑤

컴퓨터 게임이나 스마트폰 게임처럼 책 읽기도 재미있고 신나는 일이라는 사실을 알게 해주세요. 아이가 상상하지도 못한 세상이 책 속에 펼쳐져 있다는 사실을 알게 해주면 어떨까요?

책 읽기 습관에 필요한
당근과 채찍

"어떻게 하면 우리 아이가 즐겁고 유쾌하게 책을 읽게 할 수 있을까요?"

이 질문에 참 많이 고민을 했답니다. 잘 알겠지만, 무턱대고 컴퓨터나 스마트폰을 하지 말고 책 읽기만 시키는 것도 좋은 전략은 아니지요! 컴퓨터나 스마트폰 역시 우리가 살아가는 데 중요한 삶의 도구이기 때문입니다. 하지만 과하지 않고 적당하게, 다양한 활동과 조화롭게 하는 것이 중요하지요.

그렇다면 또다시 드는 질문 하나!

"게임과 책 읽기의 공존 전략은 과연 없을까?"

게임은 요즘 아이들이 결코 포기할 수 없는 놀이입니다. 어른들도 그점을 인정해주어야 한다고 생각해요! 하지만 또 아이들에게 게임만큼 책 읽는 즐거움이 크다는 걸 알려주는 것도 부모의 역할입니다.

"아이들이 매일 책도 즐겁게 읽고, 적당하게 게임도 즐길 수 있게 할 수 있는 방법은 없을까?"

그때 떠올린 아이디어가 바로 매일 책을 한 권 읽고 발표하도록 한 뒤 컴퓨터를 할 수 있는 시간을 주자는 거였습니다. 한마디로 달콤한 당근과 어려운 과제인 채찍을 조화롭게 배분하는 거라고나 할까요?

마트에 가보면 다양한 패키지 판매가 인기입니다. 여러 종류의 과자를 묶어 조금 더 싸게 팝니다. 패키지 구매를 통해 꼭 원하지 않았던 과자나 한 번도 먹어보지 못한 과자를 먹을 수 있는 기회가 되지요.

책 읽기를 하면 컴퓨터를 포기해야 하거나 컴퓨터를 하면 책 읽기를 포기해야 하는 게 아니라, 책 읽기와 컴퓨터를 동전의 양면처럼 딱 붙여 함께 즐기도록 하면 어떨까요?

책 읽기를 하면 컴퓨터 사용권이 생기기 때문에, 컴퓨터를 하려면 먼저 책 읽기를 끝내도록 하는 거지요.

이 간단한 아이디어를 떠올리고 스스로 만족하며 무릎을 탁! 쳤답니다. 왜냐하면 이렇게 '패키지'로 묶어 하나가 됐을 때, 아이 생각에 게임을 하고 싶은 마음이 절실하면 절실할수록 매일매일 책을 반드시 읽어야겠다는 마음도 커지게 될 테니까요.

아참, 앞에서 소개했던 소크라테스 이야기 아직 기억하시나요? 뭔가 정말 하고 싶다는 절실함이 새로운 도전을 할 수 있게 만드는 것입니다. 만약 매일 독서하는 것과 컴퓨터를 사용하는 것이 하루 일과의 패키지일 때 아이 마음속에 바로 그 절실함이라는 것도 생기게 되지 않을까요?

'내일 저녁에 컴퓨터를 하려면 오늘 책 한 권을 읽고 발표를 해야겠네!'

이런 생각이 아이의 마음에 더 크게 자리 잡게 될 거라고 믿었어요. 물론 이런 계기로 책을 꾸준히 읽다 보면 반드시 책 읽는 즐거움도 알게 될 테고요. 그건 누구나 예외가 없다고 장담할 수 있어요. 책 속에는 정말 보물들이 가득하기 때문이지요.

실제로 책의 첫 장을 넘기는 건 어렵지만 마지막 장을 덮었을 때에는 해냈다는 성취감이 굉장히 크거든요. 누구나 한 번쯤 어떤 일에 도전해 끝냈을 때의 그 끝내주는 기분을 만끽해본 적이 있을 거예요. 책 읽기도 바로 그런 기분을 느끼게 해줍니다.

책 속의 이야기가 흥미진진하거나 그동안 몰랐던 지식이나 정보를 알아갈 때 느끼는 희열도 대단하지요.

어떤가요? '독서+게임 패키지'를 잘 활용할 수 있다면, 아이들의 마음속에 절심함과 즐거움을 한꺼번에 심어줄 수 있는 아이디어라고 생각하지 않나요?

하지만 더 멋지고 매력적인 패키지를 만들기 위해서는 좀 더 다양한 아이디어들이 추가되어야 하고, 정교하게 디자인하는 작업이 필요해요.

왜냐하면 패키지 묶음으로 된 과자를 살 때 낱개로 사는 것보다 더 싸게 살 수 있는 것처럼, 좋은 이익들이 더 많을수록 이 패키지를 더 좋아하게 될 것은 분명하니까요. 요리할 때 온갖 양념이 첨가되면 훨씬 더 맛있게 되는 것처럼 말이에요.

그래서 '독서+컴퓨터 패키지'도 다양하고 푸짐한 혜택을 넣어야겠다고 생각하게 됐어요.

몇 가지 떠올린 아이디어를 소개해보면 100권을 읽으면 칭찬파티를 열어주는 거지요. 또 상장과 용돈을 수여하는 것도 좋겠다고 생각했어요. 아이를 독서광으로 만들어보는 실험이니 만큼 보상에도 인심 좀 팍팍 쓰자고 생각했답니다. 그런 식으로 추가 아이디어들이 점점 늘어났고 패키지는 보다 구체화되었습니다.

다양한 아이디어로 만든 '독서+게임 패키지 프로젝트'로 1일 1독서를 성공시켜 보세요!

'독서+게임 패키지' 아이디어를 활용해보세요. 매일 책을 읽으면 하루 컴퓨터 사용권이 주어지는 것이지요. 물론 강압적으로 해서는 안 되겠죠. 아이들과 충분한 협의를 통해 당근과 채찍을 적절히 조화시켜 '독서+게임 패키지 프로젝트'를 성공시켜 보세요!

아빠와 함께하는
1일 1독서 프로젝트의 시작!

어느 날 지우에게 이렇게 말했습니다.

"이젠 4학년도 한 학기가 다 지났으니 매일 컴퓨터 게임만 할 게 아니라, 이제부터는 책도 좀 읽었으면 좋겠어! 다른 건 잘 못 해도 괜찮으니까 매일 한 권씩 책을 읽어보는 건 어때?"

이 말을 꺼냈을 때 지우는 '웬 귀신 씨나락 까먹는 소리?'라며 어이없다는 표정을 지었지요. 책 좀 읽으라고 할 때 아이의 표정, 안 봐도 상상이 가지요?

"제가 어떻게 매일 책을 한 권씩 읽어요? 말도 안 돼요!"

지우는 농담이라도 그런 말 하지 말라는 듯 손사래를 쳤답니다. 그때만 해도 우리의 '매일 책 한 권 읽기 프로젝트'에 대한 상상이 진짜 현실이 될지 몰랐어요.

"지우야, 매일 책 한 권씩 읽고 아빠에게 얘기해주면 재미있을 것 같지 않아?"

저에게도 '독서하는 아들 지우'에 대한 꿈은 있었답니다. 솔직히 지우는 또래에 비해 키가 좀 작은 편이거든요! 1학년 때부터 줄곧 키 순서대로 1~2번이었지요. 덩치 큰 반 친구들과 비교해보면 절반 정도랄까요.

집에서는 유쾌하고 말이 굉장히 많은 편이지만 좀 내성적인 성격이라 다양하게 친구들을 사귀는 편도 아니었어요. 초등학교에 다니면서 한 번쯤은 기회가 온다는 회장이나 부회장 후보에도 나가 본 적이 없었어요.

물론 공부를 잘하는 것도 아니었지만 공부에 대한 강요도 하지 않았답니다. 한번도 '공부해라'거나 '시험 점수 좀 올려라'는 이야기도 한 적이 없고, 1학년 때부터 지금까지 학원을 보낸 적도 없었지요.

공부에 대해 강요하지 않았던 건 지우가 어릴 때 아토피로 고생했고, 5살 때에는 심한 중이염으로 전신마취 수술과 언어치료를 했던 영향이 컸던 것 같아요. '그냥 건강하게만 자라다오' 했던 마음이었지요.

하지만 공부를 잘하는 것보다 다양한 책을 많이 읽었으면 하는 바람은 늘 있었답니다. 저는 문학청년 시절을 보내며 많은 독서를 통해 기자라는 직업을 얻을 수 있었고, 다양한 책을 쓰고 대학에서 강의도 하는 사람이 될 수 있었습니다.

굳이 '책 읽어라' 말하지 않아도 '알아서 책 읽는 아이'를 기대했지만,

'혹시 우리 아이가 책 읽기를 아주 좋아하나?' 하는 기대는 학년이 올라 가도 '역시나'여서 아쉬움이 있었답니다. 지우는 책 읽기를 그다지 좋아 하지 않고 별로 안 읽으니 당연히 독서 수준이 좋은 편도 아니었지요. 초 등학교 4학년 때까지 읽은 책이란 그저 만화 시리즈를 보는 것 정도였어 요. 글자가 좀 많은 그림동화조차 읽기를 꺼렸지요.

학교만 갔다 오면 너무나 당연히 컴퓨터 앞으로 달려가는 지우!

"교실에서 있는지 없는지조차 모를 정도로 완전 존재감 없다"라는 말 을 아무렇지 않게 이야기하는 지우!

누군가의 관심을 받기 위해 개구쟁이처럼 각종 사고를 도맡아 치는 관 심종자의 줄인 말 '관종'과 멀어도 너무 먼 지우!

"운동 잘하는 친구가 제일 부러운데, 난 별로 잘하는 운동이 없어"라 고 대놓고 말하는 지우!

그런 지우를 보면서 조금이라도 자신감과 자존감을 키워주고 싶다는 생각을 하게 됐습니다. 초등학교 4학년 1학기가 지나가고 이제 고학년 이 되는 지우에게 뭔가 새로운 도전 거리를 주면 어떨까? 하는 생각이 들었고, 그때 바로 '독서'를 떠올리게 된 것이지요.

지우가 다양한 책을 읽으며 독서의 즐거움을 알고 매일 한 권의 책을 읽을 수 있다면? 그렇게 머릿속에 떠오른 생각을 지우에게 우연하게 말 했습니다.

"매일 책 한 권을 읽고 발표하는 거야! 일명 '1일 1독서'라고나 할까?"

지우에게 '1일 1독서 프로젝트'에 대한 제안을 하자, 말을 하면 아이디어가 쏟아진다고, 정말 머릿속에 재미있는 아이디어가 마구마구 떠오르더라고요!

1일 1독서 프로젝트 아이디어

매일 한 권의 책을 골라 읽는다. ▶ 책을 읽고 나서 아빠에게 발표를 한다. ▶▶ 발표한 후에는 컴퓨터를 이용할 수 있다. ▶▶▶ 책을 100권 단위로 읽으면 용돈을 준다.

사실 이런 '1일 1독서 프로젝트'는 절대 지우 혼자의 몫만은 아니었답니다. 매일 지우가 읽을 도서목록을 챙기고 책들을 구매하고, 협의를 통해 내일 읽을 책을 선정했어요. 매일 퇴근 후 저는 지우가 그날 읽은 책의 발표를 진지하게 들어주고 질문하고 토론도 했습니다.

'1일 1독서 프로젝트'는 지우와 아빠가 함께 도전해야 한다는 걸 잘 알고 있었기에 저도 시작 전에는 걱정이 많이 됐습니다.

"내가 과연 지우의 책 읽기 응원자가 되어줄 수 있을까?"

스스로 던진 질문에 저의 답 역시 '그래, 해보자!'였지요. 지우와 함께하는 1일 1독서 프로젝트는 저에게도 큰 도전이었고, 용기가 필요했답니다.

"지우야! 지금 네가 잘하는 게 아무것도 없다고 생각되겠지만, 책 읽기를 하다 보면 곧 너도 잘하는 게 반드시 생기게 될 거야! 모든 걸 잘할 필요는 없어. 특별히 잘하는 걸 찾아 능력을 키워나가면 되는 거야. 너 자신에게 자신감을 가져. 모든 것에서 최고가 될 수 없지만, 어떤 것에는 반드시 최고가 될 수 있으니까."

아이의 자존감을 높이고, 목표에 도전하고, 꿈을 성취하는 과정의 기쁨을 맛보게 할 수 있는 가장 매력적인 실험이 바로 '1일 1독서 프로젝트'입니다. 자, 이제 함께 '1일 1독서 프로젝트'를 시작해볼까요?

내 아이의
잠재력을 믿어라!

"솔직히 제가 매일 책 한 권을 어떻게 읽어요?"

아빠의 제안을 들은 지우의 첫 반응이었습니다. 아마 대부분의 아이들이 지우와 같은 반응을 보일 것입니다.

한 설문조사를 보니 초등학교 고학년들은 한 달 평균 10권 정도의 책을 읽는다고 합니다. 학교에 가기 전에는 책을 많이 읽다가 점점 학년이 올라가면서 독서량이 줄어든다고 해요.

1일 1독서를 시작하면 지금까지 기껏해야 한 달에 서너 권 정도 읽던 습관을 일요일과 공휴일을 제외하고 한 달 평균 20여 권 이상을 읽게 되는데, 그게 그리 쉬운 일은 아닐 거예요!

과연 지우는 잘 받아들였을까요?

두둥! 지우의 생각을 직접 들어볼까요?

지우
생각!

"아빠가 처음 저에게 1일 1독서를 제안했을 때 엄청나게 놀랐고, 당황스러웠어요. 하루에 책 한 권을 읽으라니 말도 안 되는 소리죠! 처음 제 머릿속에 떠오른 생각이었어요. 그건 저뿐만 아니라, 아무도, 그 누구도 할 수 없는 일이라고 생각했어요!"

사실 지우만 불가능할 것이라고 생각한 건 아니었답니다. 솔직히 저역시 지우가 정말 매일 책 한 권을 읽고 발표하는 게 가능할까? 의구심이 많이 들었지요. 하지만 전 정말 진지하게 지우에게 다음과 같이 말했어요.

"아빠랑 지우가 함께하면 해낼 수 있을 거야! 까짓것 한번 해보자. 책도 많이 읽고 용돈도 팍팍 타고, 책 읽고 나면 컴퓨터도 자유롭게 사용하고 좋잖아! 어때? 넌 충분히 할 수 있어. 너 자신을 믿으라니까. 도전! 도전?"

애교 섞인 꼬임에 지우는 홀딱 넘어가 체념 반, 호기심 반으로 이렇게 대답했어요.

"콜! 알았어요. 한번 해보지요, 뭐."

지우는 아마도 이 말을 뱉어놓고 엄청 후회했을 거예요. 저는 혹시나 지우가 자기가 내뱉은 말을 도로 물리지 않을까 싶어 그렇게 하겠다는 대답을 하자마자 잽싸게 못을 꽝꽝 박았어요.

"사내대장부는 '일언지하 중천금(一言之下 重千金)'인 거 알지? 한번 결정했으면 절대 물리는 거 없기다?"

중대한 결정의 순간, 지우는 과연 어떤 기분이었을까요?

"솔직히 말해서 1일 1독서를 해보겠다고 한 건 순전히 '책을 100권 읽으면 용돈을 받을 수 있다'는 아빠의 꼬임에 넘어간 같아요. 용돈을 받으면 제가 사고 싶은 거랑 먹고 싶은 걸 맘대로 살 수 있으니까요. 순간, 용돈을 받을 상상을 하니 아주 신이 나더라고요.

그 다음에는 1일 1독서를 받아들이지 않으면 '이젠 컴퓨터를 할 수 없다'는 아빠의 이야기를 들으니 좀 겁나기도 했어요. 정말 아빠가 컴퓨터를 아예 사용하지 못하게 하면 굉장히 안 좋을 것 같았거든요.

그리고 마지막 하나 더. 1일 1독서를 해보자면서 주신 첫 번째 책이 30분이면 읽을 수 있는 아주 쉬운 책이었거든요. '요거쯤이야~ 이 책 빨리 읽고 게임하면 되겠군!' 하는 생각이 들었어요. 그래서 결국 아빠의 제안을 받아들이게 됐지요!"

우리는 이렇게 1일 1독서 프로젝트에 대한 실행 계약을 맺게 됐습니다. 서로의 이익과 관심사가 완전히 달랐을 수도 있겠지만, 어쨌든 매일 지우는 책을 읽고 저는 지우의 발표를 듣는 독서 대장정을 시작하게 됐어요.

1일 1독서 프로젝트는 뚝딱 만들었지만 잘 굴러가도록 다양하면서도 정교한 안전장치들을 마련해야 했어요. 이 프로젝트는 며칠 하다 말게 될 계획이 아니라 아주 오랜 시간 이어질 수 있도록 구체적인 규칙들을 정해두었답니다.

다양한 규칙들은 지우의 독서와 발표가 진행되는 동안 추가되거나 보완되면 금세 딱 맞는 톱니바퀴처럼 정교한 모습을 드러냈지요.

어쩌면 이런 규칙이야말로 1일 1독서 프로젝트가 제대로 잘 굴러갈 수 있게 만든 귀중한 보물이었다고 생각합니다. 이제 우리가 정한 1일 1독서의 다양한 규칙들을 소개할까 합니다.

기대해주세요, 개봉박두!

1일 1독서 프로젝트
go! go!

꿈꾸었다면
전체를 상상해보세요!

자, 이제 지우와 제가 함께 머리를 맞대고 만든 1일 1독서 프로젝트 실행 10가지 규칙을 소개하겠습니다. 사람들은 멋진 꿈을 정리하면서 목표를 정하지요. 하지만 성공하기보다 실패하는 경우가 많습니다.

왜 그럴까요? 아마도 꿈을 꾸지만, 전체의 꿈을 꾸지 못하기 때문이라고 생각해요. 꿈의 기승전결 전체를 그리지 못하면 꿈이란 그저 멋지고 그럴듯한 단어에 불과하니까요.

"매일 책을 읽고 발표해."

이런 목표는 구체적이지 않기 때문에 '꼭 해야겠다'는 마음과 열정이 금세 사라져 버리지요. 그래서 우리는 1일 1독서 프로젝트 전체, 즉 기승전결을 꼼꼼하게 상상하기로 했답니다. '멋지게 살겠다'라는 꿈을 막연하게 꾸는 것보다는 '어떻게 멋지게 살겠다'라는 전체의 꿈을 구체적으로 상상해보는 거죠.

"나는 여행을 할 때와 글을 쓸 때가 제일 행복해. 난 여행 작가가 되어 우리나라 곳곳, 세계 여러 나라를 다니면서 여행칼럼을 쓰고 여행정보를 소개하는 책을 쓸 거야. 좋은 글과 책을 써서 신문과 잡지에 연재를 하고 책을 써서 원고료를 받으면 그것으로 계속 여행을 할 수 있을 거야. 지금부터 많은 책을 읽고 여행정보에 관한 블로그를 하나 개설하겠어."

어때요? 이렇게 전체를 구체적으로 상상해보면 꿈이 더 잘 이뤄질 것 같지 않나요? 멋지고 마음에 든다고 하나의 퍼즐조각만 가슴에 품고 있다면 결코 완성된 퍼즐을 만들 수 없을 거예요! 다양한 퍼즐조각들을 찾아 전체 퍼즐그림을 모두 상상했을 때 그리고 기승전결을 통한 이야기로 전달될 때 비로소 상상이 현실이 된다고 생각합니다.

1일 1독서 프로젝트도 마찬가지라고 생각해요. 과연 1일 1독서 프로젝트가 기승전결을 통해 어떤 신나는 이야기로 창조될 수 있을까요? 그 상상에 대해 서로 합의해 바로 10가지 규칙을 만들었답니다.

다음에 소개할 10가지 규칙은 누군가에게는 '너무 많은 거 아냐?'라고 느껴질 수 있고, 또 어떤 사람에게는 적게 느껴질 수 있을 것입니다. 하지만 지금까지 우리가 이야기했던 1일 1독서 프로젝트를 전체의 그림과 구체적인 모습으로 정리한 것입니다. 그러니 너무 힘들 거란 걱정은 미리 하지 마세요.

1일 1독서 프로젝트의 규칙은 '의무' 조항과 '선물' 조항으로 구성돼 있습니다. 의무 조항은 주로 지우가 해야 할 일들이고, 선물 조항은 제가 해야 할 몫들로 구성되어 있습니다.

자, 그럼 10개의 규칙을 볼까요?

제1규칙	일요일과 휴일을 제외하고 매일 한 권의 책 읽기
제2규칙	한 권의 책을 읽은 후 저녁에 발표하기
제3규칙	책 발표 후에만 컴퓨터 사용 가능
제4규칙	1일 1독서 책꽂이의 책은 스스로 관리하도록 하기
제5규칙	100권 단위 목표 달성하면 과일과 과자 파티 열어주기
제6규칙	100권, 200권, 300권 등 100권 단위로 1일 1독서 상장과 상금(용돈) 지급
제7규칙	50퍼센트는 아빠(엄마), 50퍼센트는 스스로 책 선택
제8규칙	분량이 많은 책일 경우 협의하에 2~3일 독서기간 연장
제9규칙	읽고 싶은 도서관 대여 책도 발표 후 1일 1독서 성공 목록에 반영
제10규칙	발표는 제목, 지은이 소개, 내용 요약, 소감, 질문, 토론 순으로 진행

1일 1독서 프로젝트의 기승전결이 그려지시나요? 그럼, 하나씩 규칙을 자세히 살펴볼까?

1일 1독서의 시작은 다양한 퍼즐 조각을 찾아 하나의 완성된 그림을 완성시키는 것입니다. 신나고 재미있게! 해야 할 일과 보상받을 것들을 전체 그림으로 구상해보세요. 그래야 시작할 때 가졌던 열정이 식지 않을 수 있어요.

02

1일 1독서 프로젝트
실행 10가지 규칙

제1규칙 일요일과 공휴일을 제외하고 매일 한 권의 책 읽기

"매일 한 권의 책을 읽는다!"

1일 1독서의 첫 번째 규칙입니다. 매일 한 권의 책을 읽는 것이지만, 1년 365일 빠짐없이 매일 책 한 권씩 읽어야 한다는 말은 아니에요.

하느님도 6일간 일하고 7번째 날에는 쉬었잖아요? 그래서 일요일과 빨간 날인 공휴일에는 '독서 휴일'로 정해 쉬도록 했어요. 또 분량이 많은 책은 2~3일로 나눠 매일 읽기로 했지요.

그러니까 한 달 중 일요일과 공휴일을 제외하고 분량에 따라 날짜를 조정해도 한 달에 20여 권 이상의 책을 읽게 되는 거예요. 일주일에 5~6권 정도의 책을 읽는 것이지만, 1년으로 따지면 160권 이상 읽게 되는 겁니다.

만약 1년 동안 꾸준히 1일 1독서를 실천하게 되면 160권 이상의 책을 읽는 것이고, 2년이면 320권이 되겠지요. 매년 160여 권 이상의 책을 우리 아이가 읽어낸다는 생각만 해도 가슴이 두근두근 뛰지 않나요? '책벌레'라 부르지는 못하더라도 '늘 책 읽는 어린이'라는 별명 정도는 충분히 얻을 수 있을 테니까요.

매일 읽을 책의 독서목록은 초등학생에게 부담스럽지 않도록 정했어요. 그동안 책을 많이 읽거나 독서에 익숙하지 않았기 때문에 처음에는 아주 얇고 쉬운 책 위주로 선정했답니다.

1일 1독서를 시작할 때 4학년이었지만 지우의 독서 수준을 고려해 초등학교 1~2학년 정도인 저학년 수준의 책들로 시작했습니다. 가끔 학습만화를 목록에 끼워 넣기도 했지요. 아무래도 어렵거나 독서 수준을 너무 높게 잡아 시작하면 흥미가 떨어질 수 있으니까요.

조급한 마음은 갖지 않았어요. 왜냐하면 앞으로 시간은 많고, 그 많은 시간 동안 꾸준히 매일 책을 읽어나갈 테니까요. 실제로 책을 읽다 보니 지우의 독서 수준이 콩나물 자라듯이 쑥쑥 자라더라고요. 불과 몇 개월 지나지 않아 글보다 그림이 많은 동화나 학습만화를 보던 녀석이 초등학교 고학년이나 중학교 수준의 책들까지 읽을 수 있게 됐으니까요.

한 권의 책을 읽은 후 저녁에 발표하기

"책을 읽고 나서는 내용을 요약해 발표를 해보자!"

1일 1독서는 단지 혼자서 책을 읽는 게 아니랍니다. 책을 읽은 후에는 꼭 발표를 해야 1일 1독서가 완성되는 것입니다. 책을 읽은 후 발표를 하는 것은 '정말 제대로 책을 읽었는지'에 대한 확인절차라고 할 수 있어요. 아주 간편하고 간단한 검증절차이지요. 발표를 할 수 있다는 건 책 내용을 알고 이해했다는 거니까요.

요즘에는 학교 숙제로 책을 읽고 나서 혼자 독서록을 쓰는 것이 보통입니다. 독서록을 매일 쓰는 것도 좋은 방법이지만 우리는 '발표'하는 것이 훨씬 더 재미있고 좋다고 생각했어요.

독서 후 발표한다는 것은 책을 잘 읽었는지 확인절차에 불과한 건 절대 아니에요. 발표를 전제로 책을 읽을 때는 최고로 집중력을 발휘해야 합니다. 책을 읽을 때 중요한 정보를 머릿속에 담아야 하고, 책 내용 중에서 중요하다고 생각되는 것들을 요약해서 발췌해야 하기 때문이지요. 또 어떤 내용을 중심으로 발표해야 할지 고민하면서 책을 읽으니 내용을 훨씬 더 잘 이해할 수 있게 되지요.

발표의 효과는 이뿐만이 아니랍니다. 발표는 아주 좋은 복습효과가 있어요. 스스로 책의 내용을 정리하고 소개하면서 머릿속에 다시 한 번 체계적으로 정리하여 기억할 수 있는 기회가 된답니다. 눈으로 읽어 받아들인 정보를 다시 뇌에서 꺼내 발표를 하고, 발표하는 도중에 다시 한 번 정리정돈하여 머릿속에 새겨넣는 과정을 거치게 되는 것입니다.

1일 1독서 프로젝트의 가장 중요한 핵심은 '매일 한 권의 책을 읽고 다른 사람에게 발표'하는 것이랍니다. 물론 처음에는 지우가 발표하는 걸 너무너무 어렵게 생각했어요. 책을 읽고 그 내용을 발표하는 경험을 해본 적이 없으니까요.

처음에는 어색하고 부끄럽고 금방 읽었던 내용도 생각이 나지 않겠지만 계속 하다 보면 금세 익숙해지고 점점 발표 실력이 늘게 됩니다. 책 내용을 좀 더 쉽게 소개할 수 있게 되고, 책을 읽으면서 강렬한 인상을 받았던 부분의 느낌까지 전달할 수도 있게 됩니다.

지우도 마찬가지였습니다. 처음에는 어색해서 무엇을 어떻게 발표해야 할지 몰라 했어요. 하지만 매일 발표를 하면서 자신의 생각이나 소감을 곁들이기도 하고, 때로는 질문이나 퀴즈를 던지면서 정보를 전달하기도 합니다.

이젠 발표를 매우 신나게 하게 됐지요. 자신이 새롭게 알게 된 정보와 지식을 다른 누군가에게 전달하고 알려주는 게 얼마나 신나는 일인지 어느새 알게 된 거지요.

책 발표 후에만 컴퓨터 사용 가능

"컴퓨터를 자유롭게 사용할 수 있는 방법은?"

우리가 합의한 세 번째 규칙은 책을 읽은 후에 지우가 가질 수 있는 권리에 대한 내용입니다. 의무만 있고 권리가 없으면 금방 싫증이 나기 마련이지요. 수레가 꾸준히 잘 굴러가기 위해서는 앞에서 당기고 뒤에서 밀어줘야 하니까요.

"지우는 책을 읽고 발표하기 전까지 컴퓨터를 절대 사용할 수 없어. 대신 책을 발표한 후에 컴퓨터를 자유롭게 사용할 수 있는 권리가 생기게 돼. 발표 이후부터는 컴퓨터 사용에 대한 간섭을 하지 않을 거야."

물론 학교 숙제나 중요한 과제를 해야 할 때에는 컴퓨터를 사용하도록 합의했지요. 또 너무 늦게까지 컴퓨터를 하지 않도록 스스로 조정하라고 조언했어요.

이런 합의는 의외로 매우 잘 지켜졌어요. 컴퓨터 사용문제로 갈등이 생긴 적은 단 한 번도 없었답니다. 주말에는 좀 늦게까지 사용하더라도 허용했고, 평일에는 지우가 스스로 사용시간을 줄여 등교에 차질이 없도록 조정했습니다.

1일 1독서와 컴퓨터 사용을 연계시킨 것은 참 기발한 생각인 것 같아요! 자신이 원하는 게 있고 그걸 얻고 싶은 마음이 강하면 큰 에너지가 생기니까요.

컴퓨터를 자유롭게 사용하고 싶은 욕망이 곧 매일 책을 읽을 수 있는 에너지가 되었습니다. 그런 에너지를 얻을 수 있는 건 비단 컴퓨터 사용권만이 아닐 거예요! 스마트폰 사용권이 될 수도 있고, 다니고 싶은 학원 수강권이 될 수도 있지요. 아이 마음속에 숨어 있는 욕망을 관찰하면 좋은 에너지를 찾아낼 수 있습니다.

가장 간절하게 원하는 건 가족들이라면 누구나 알고 있으니까요. 그걸 1일 1독서 프로젝트에 잘만 활용한다면 우리 아이의 독서 습관을 키울 수 있는 강력한 무기가 될 수 있습니다.

사실 이 아이디어는 지우의 큰아빠와 큰엄마에게서 얻었습니다. 베트남에 살고 있는 형님 가족에게는 아주 특별한 규칙이 하나 있었어요. 바로 중학생인 조카들이 주말에만 스마트폰을 사용할 수 있는 규칙이었어요! 평일에는 늘 엄마의 철제 금고 속에 들어가 있었지요.

스마트폰으로 만화를 보거나 게임을 할 수 있기 때문에 조카들에게는 늘 스마트폰을 사용할 수 있는 주말이 가장 신나고 행복한 시간이었습니다.

하지만 단 조건이 있었어요. 베트남에서 오래 살다 보니 엄마가 내준 한글 공부를 소홀히 하거나 목표로 정해둔 1일 운동량 등 함께 하기로 한 약속들을 지키지 않으면 주말에도 스마트폰을 사용할 수 없었어요. 저는 그런 규칙이 신기해서 조카들에게 물어보았답니다.

"매일 한글 공부와 운동을 해야 하는데 힘들지 않니?"

이 질문에 조카들은 아주 '쿨'하게 대답했어요.

"괜찮아요. 게으름 피우면 주말에 스마트폰을 사용할 수 없거든요."

이런 재미있는 규칙을 보면서 '아이들이 강렬하게 원하는 것'에 엄청난 에너지가 숨어 있다는 걸 발견했지요. 그리고 저도 '그 에너지를 좋은 곳에 활용하면 어떨까?' 하는 생각을 품게 됐답니다. 형님 가족의 규칙을 보면서 1일 1독서 프로젝트의 씨앗을 틔울 수 있었던 거예요. 이렇게 해서 아주 중요한 3번째 규칙까지 완성됐습니다.

지우가 말하는 요즘 아이들에게 가장 간절한 10가지

순위	항목	순위	항목
1위	용돈	6위	애완동물
2위	최신형 스마트폰	7위	화장품, 마술카드 등 친구들에게 유행하는 것
3위	휴일	8위	부모님과 놀기
4위	컴퓨터 사용	9위	영화보기
5위	맛있는 거 먹기	10위	여행

1일 1독서 책꽂이의 책은 스스로 관리하도록 하기

자, 이제 4번째 규칙을 살펴해볼까요?

집에 책장 하나쯤은 가지고 있을 거예요. 엄마 아빠가 산 시리즈 도서나 다양한 책들이 꽂혀 있지만 1년 내내 한 권도 뽑아 읽어보지 않는 경우가 많잖아요.

이런 책장은 사실 '나의 책장'이란 생각이 들지 않고 '부모님의 전시용 책장'이란 느낌이 들게 되죠. 아이들에게는 늘 가까이 있지만 가까이 하기엔 너무 먼 '책장'이지요.

"지우야! 네 침대 위에 빈 책장이 있지? 여기가 이제 너의 1일 1독서 전용 책장이야. 이곳은 네가 책을 읽고 나서 발표한 책만 꽂을 수 있어. 그리고 네가 읽은 책들은 스스로 소중하게 관리를 해야 해."

저는 지우에게 책장관리에 대해 설명해주었습니다. 바로 1일 1독서로 매일 읽고 발표한 책을 책장에 관리하는 것이 4번째 규칙입니다.

제4규칙의 방법은 간단합니다. 우선 1일 1독서 전용 책장을 마련합니다. 굳이 새로 살 필요는 없어요. 기존에 있는 책장을 정리해서 사용하면 되니까요.

물론 시작할 때는 가득 채워진 책장이 아니라 아무것도 없는 빈 책장이어야 합니다. 오늘 읽은 책 한 권이 꽂힐 것이고, 내일이면 두 번째 책⋯⋯. 그렇게 매일 한 권씩 이 책장을 채워나갈 것입니다.

지우는 1일 1독서 책을 읽고 나서 한 권씩 책장을 채워가는 기쁨을 즐겼어요. 온전히 자신의 힘으로 도전하고 성취하는 기분에 꽤 만족해했죠.

생각해보세요. 자신이 매일매일 읽은 책들을 눈으로 확인해나가는 과정이 굉장히 뿌듯하지 않겠어요? 지금까지 자신이 어떤 책을 읽고 발표했는지, 앞으로 빈 공간의 책장이 어떤 책으로 채워질까라는 기대가 '자극제'가 되는 거지요.

책장 앞에 서면 지우는 입가에 미소가 번집니다.

'내가 매일매일 책을 읽고 발표를 해내고 있구나.'

이런 생각에 스스로 뿌듯함을 느끼면서 책에 대한 애정이 퐁퐁 샘솟게 되는 것입니다. 아이 스스로 책장 관리에 신경 쓰는 건 물론이고요.

"아빠, 제가 읽은 책 한 권이 없어졌어요. 어디 있지?"

지우는 읽은 책 하나가 책장에 꽂혀 있지 않으면 이 방 저 방을 돌아다니며 책을 찾아 1일 1독서를 한 순서대로 정리하는 습관이 생겼어요. 그만큼 책을 자기 분신처럼 여기게 된 거지요.

한 권씩 채워가는 것도 힘이 되고, 남아 있는 빈 칸을 정복하겠다는 열정과 도전정신도 부쩍 커졌어요. 더구나 1일 1독서로 책장의 한 칸을 채울 때의 기쁨은 말로 표현할 수 없답니다.

지우가 지금까지 어떤 책을 읽었는지, 그 책 내용은 어떤 것인지, 지금까지 몇 권의 책을 읽었는지, 자신이 그동안 어떤 종류의 책과 어느 정도 수준의 책을 읽어가고 있는지 알게 되니까요. 사실 1일 1독서 책장은 지우에게 1일 1독서를 즐길 수 있는 훌륭한 '서포터즈'인 셈이지요.

마치 우리 축구 대표팀이 월드컵에 나가 경기를 할 때 '붉은 악마' 서포터들이 '대한민국'을 연호하고 다양한 응원가를 불러주면 선수들이 훨씬 힘을 낼 수 있는 것처럼, 바로 1일 1독서 책장이 그런 역할을 하는 것입니다.

선수들에게 '붉은 악마' 서포터즈는 정말 소중한 친구들이지요? 그처럼 1일 1독서의 책들이 채워져 가는 책장은 세상에서 가장 소중한 보물이랍니다.

제5규칙 | 100권 단위 목표 달성하면 과일과 과자 파티 열어주기

"목표를 달성하면 우리 신나는 가족파티를 열자!"

만약 100권의 책을 읽었다면 그날은 우리 집에 신나는 과자 파티가 열리는 날입니다. 다양한 과일과 과자 그리고 음료수에 케이크까지.

이날 파티 준비는 아빠인 저의 담당이지요. 실제로 100권, 200권 파티가 있던 날 평소보다 조금 일찍 퇴근하여 시장과 마트에 갔습니다. 지우가 좋아하는 과일과 케이크, 음료와 과자를 고를 땐 제가 다 설레고 기뻤습니다.

식탁 가운데 촛불 하나를 켠 케이크를 준비하고 김밥과 다양한 과일들, 음료수들을 차리는 상상을 하면서 말이지요.

파티 재료를 다 준비해 집에 도착하면 지우가 책 발표를 위해 기다리고 있습니다.

"아침에 말했지? 저녁에 1일 1독서 파티를 한다고. 발표 먼저 하고 파티 준비하자."

지우의 발표가 끝나면 부엌으로 가서 파티 준비를 합니다. 그리고 온 가족이 함께 노래를 부르는 것으로 파티를 시작하죠.

"축하합니다. 축하합니다. 지우의 1일 1독서 100권을 축하합니다."

이렇게 100권 단위로 가족 파티를 열어 축하해주는 것을 제5규칙으로

정했어요.

생각만 해도 신나지 않나요? 1년에 한 번 가족들이 축하해주는 생일 파티 외에 즐거운 가족 파티가 2~3번 더 생긴다니 말이에요.

이 날은 온 가족이 지우가 '독서 기록'을 세운 걸 진심으로 축하해주고 격려해주는 날이지요. 가족들은 파티 때마다 한마디씩 지우에게 덕담을 해줍니다.

아빠는 "지우야, 네가 1일 1독서를 해냈구나! 정말 대단한데? 1,000권의 책을 읽으면 지우는 아마 박사가 될 것 같아"라고 말해주고, 엄마는 "지우가 좋은 독서 습관을 가지게 된 것 같아서 기뻐. 일주일도 못 갈 줄 알았는데 말이야"라고 칭찬을 해줍니다. 그리고 누나는 "이제부터 더 두껍고 어려운 책도 읽어야지. 어쨌든 축하해!"라고 어깨를 토닥여줍니다.

지우는 생일 파티보다 독서 성공 파티를 더 즐거워했어요. 자신이 스스로 매일 도전을 결정하여 성취해내는 경험은 많지 않잖아요. 더구나 주변 사람들에게 인정을 받는다는 건 신나는 일이기도 하고요.

적절한 격려와 칭찬은 용기를 주고 자신감을 키우는 데 아주 효과적이지요. 응원해주고 축하해주는 것은 목표를 이루기 위해 더 열심히 하도록 만들어주는 좋은 연료가 되는 거니까요. 우리에게 독서 성공 파티는 바로 그런 격려의 연료를 채우는 시간이었습니다.

100권, 200권, 300권 등
100권 단위로 1일 1독서 상장과 상금(용돈) 지급

1일 1독서가 순조롭게 이루어지면 손꼽아 기다리는 선물이 있습니다. 바로 푸짐한 용돈이 생기는 거지요. 제6규칙은 바로 100권, 200권, 300권 등 100권 단위로 1일 1독서를 성공하면 상장과 함께 '짭짤한' 상금(용돈)을 지급하는 것입니다.

어떤 목표를 정해두고, 그 목표를 달성했을 때 보상을 받는다는 것은 누구에게나 매우 기분 좋은 일이잖아요.

이는 반대로 보상을 받기 위해서는 목표를 정해두고 그것을 실천하여 성취해야만 한다는 것을 이해할 수 있는 과정이기도 하지요.

지우가 정해진 목표의 책을 다 읽을 때마다 정성스럽게 상장을 만들었답니다. 이 상장은 지우가 100권을 달성한 후 200권의 목표까지 달성한 날 기념파티를 하면서 준 상장입니다.

이 상장을 받는 지우의 모습이 아직도 눈에 선합니다. 당당하고 자신감에 찬 모습이었지요. 실제로 자기가 정한 목표를 성취하고 상을 받는 지우의 모습은 스스로를 대견스럽고 자랑스럽게 생각하는 것 같았어요.

상금 규모는 100권 성공 시 'ㅇㅇ만 원'을 제시해 지우가 받아들였습니다. 요즘 아이들은 친척들한테 어느 정도의 용돈을 받을 때도 있기 때문에 1일 1독서는 그보다 좀 더 가치 있는 일임을 알려주고 싶어서 조금 더

상 장

이 지 우
(○○초등학교 5학년)

위 어린이는 매일 한 권의 책을 읽고 발표하는 1일 1독서를
성실하게 실천하여 200권의 목표를 달성하였기에 이 상장
과 상금 ○○원을 주어 아주 많이 칭찬하고자 합니다.

2015년 6월 26일
아빠 이동조 인

많은 용돈으로 '협상'을 마무리지었지요.

200권을 도전 목표로 정할 때는 지우가 '당돌하게' 상금에 대한 재협
상을 요구해왔어요. 1일 1독서량이 증가하면 상금도 늘어야 더 신나게

책을 읽을 수 있을 거라며 상금을 조금 더 올려달라는 거였어요. 우리는 200권을 달성하면 ○○만 원의 상금을 주는 걸로 합의를 했지요.

물론 액수가 중요한 건 아닐 거예요. 형편에 맞게 동기부여가 될 수 있는 용돈 수준으로 상금을 정하면 되지요. 상금을 주는 게 부담스럽다면 문화상품권이나 평소 아이가 갖고 싶었던 상품을 경품으로 내걸 수도 있겠지요. 단지 1일 1독서의 가치가 높고 의미 있다는 걸 느낄 수 있는 정도여야 한다고 생각해요.

지우는 이렇게 받은 상금으로 저축을 하든, 평소 사고 싶었던 것을 사든, 가족들을 위해 통닭이나 족발을 한 턱 쏘든 마음대로 사용할 수 있지요. 지우의 경우 상금의 절반은 가족에게 한 턱 신나게 쏘는 데 사용하더라고요.

50퍼센트는 아빠(엄마), 50퍼센트는 스스로 책 선택

"어떤 책을 읽게 할까?"

"분야를 가리지 않고 다양한 책을 선택하여 골고루 읽으면 좋을 것 같은데."

바로 7번째 규칙은 1일 1독서의 책 선정기준입니다. 어떤 책을 골라 읽느냐는 독서에서 가장 중요한 문제이지요. 그래서 1일 1독서를 시작할 때 이 문제를 지우와 충분히 협의를 해야 했어요.

지우는 처음에 별로 책을 읽지 않은 상태였기 때문에 특별히 선호하는 분야가 없었어요. 오히려 별로 좋아하는 책이 없다는 사실이 다양한 책을 골고루 읽기로 합의하는 데 도움이 됐던 거 같아요.

만약 판타지 소설을 아주 좋아하거나 학습만화를 너무 좋아한다면 책을 선정하는 데 조금 힘들었을 거예요. 하지만 책은 편독하지 않고 다양하게 접하고 느끼는 것이 중요하다는 걸 우리는 서로 공감했어요.

책 장르는 되도록 특정 분야를 가리지 않고 골고루 읽는 것이 좋다고 의견 일치를 봤지요. 소설이나 글 중심의 동화에서 교육, 역사, 문화, 인물, 자기계발 등 다양한 분야의 책을 선택하려고 노력했답니다.

특히 장르를 가리지 않고 다양한 분야의 책을 선정하되 50퍼센트는 아빠(엄마), 50퍼센트는 지우가 선택하기로 정했어요.

"1일 1독서 도서 후보들 중에 하루는 지우가 읽고 싶은 책을 선택하고 다음날은 아빠가 책을 선택하기로 하는 거야."

이렇게 하면 훨씬 더 다양하고 골고루 책을 읽게 되지요. 왜냐하면 아빠나 엄마가 선정하는 책은 내용이나 분량 면에서 좀 더 도전적이고, 아이가 좀 더 관심을 가졌으면 하는 분야의 책을 위주로 선정할 수 있으니까요.

책은 최대한 다양하고 자유롭게 선정할 수 있지만 일반 만화나 저학년 동화 수준의 책은 1일 1독서로 선택할 수 없어요. 학습만화는 예외로 두었지만 말이에요. 그림 위주의 저학년 동화 역시 1일 1독서에는 포함시키지 않았어요. 단, 꼭 읽고 싶은 만화나 동화가 있다면 1일 1독서와 상관없이 자유롭게 읽을 수 있지요.

1일 1독서 프로젝트가 성공하기 위해서는 다음과 같은 중요한 조건이 필요했습니다.

첫째, 사전에 꾸준히 '선정도서'가 떨어지지 않고 있어야 한다는 점입니다. 최소 일주일 정도 읽을 책들이 준비되어 있어야 한다는 거지요. 처음에는 제가 열정을 가지고 미리미리 챙길 수밖에 없었답니다.

"다음 주는 어떤 책들을 준비해야 하나?"

지우와 함께 1일 1독서 프로젝트를 시작하면서 2년이 넘는 동안 매주 '좋은' 책들을 확보하는 데 매우 큰 관심을 기울였습니다.

처음에는 집에 있는 책들을 중심으로 1일 1독서 목록을 정리했어요.

책장에서 잠자던 책들을 골라내 1일 1독서 기준에 적합하고, 좋은 도서들을 따로 뽑아내 새로 정리했습니다. 물론 하루에 전부 할 필요는 없지요. 간간이 시간이 날 때, 다음 도서 목록을 정리할 때 관심을 갖고 정리하면 됩니다.

이외에 인터넷이나 학교 유인물에 소개된 '학년 추천도서목록'을 스크랩하여 책 구매 리스트를 정리하기도 하고, 주변 아는 분들에게 책을 얻기도 했어요.

지우가 사달라는 책은 꼭 기록해두고 최우선 순위로 확보했으며, 온라인 서점에서 추천도서나 할인도서, 중고서적 등에서 1일 1독서에 적당한 책들을 정리해 구입했지요.

둘째, 되도록 도서관에서 도서를 빌려 읽고 반납하는 것보다는 비용이 좀 들더라고 구매하여 소장하는 쪽으로 정했어요. 왜냐하면 1일 1독서의 특성상 읽은 책을 직접 책꽂이에서 꽂아 관리하고 늘 가까이 두고 다시 살펴볼 수 있도록 하면 큰 의미가 있겠다고 생각했기 때문이지요. 최대한 할인 이벤트나 온·오프라인 중고서점을 통해 책값을 줄이면서 구매하는 걸 기본으로 정했답니다.

그렇게 늘 읽을 책이 끊이지 않게 하고 독서하고 발표를 하면서 지우의 1일 1독서 책장이 점점 더 풍성해질 수 있도록 처음과 끝의 전체 과정을 '공장이 돌아가듯' 완성시켰답니다.

분량이 많은 책일 경우 협의하에 2~3일로 독서기간 연장

"아주 어려운 책이나 두꺼운 책일 때는 어떻게 하지?"

제8규칙은 지우가 1일 1독서를 진행하는 데 너무 힘들게 하여 싫증나지 않도록 최대한 유연성을 발휘하는 것입니다. 매일 한 권의 책을 읽는 것이 기본 원칙이지만 책의 난이도나 분량에 따라 독서기간은 매번 협상을 통해 탄력적으로 조정할 수 있다는 예외 조항이라고 할 수 있지요.

사실 처음 1일 1독서를 시작할 때는 하루 2~3시간 이내 읽을 수 있는 비교적 쉬운 책들이 위주였어요. 그래서 매일 책 한 권을 읽는 것이 그리 어렵지 않았답니다.

하지만 100권, 200권, 300권이 넘어가면서 난이도가 높으면서도 분량이 제법 되는 책이 선정되기 시작했어요. 이런 책의 경우 지우가 책을 선택해 훑어본 후 '독서 기간'을 사전에 서로 충분히 협의했습니다.

"아빠! 이 책은 하루 만에 읽기는 좀 힘들 거 같아요."

"그래? 한번 보자! 내용이 정말 많네. 글씨도 작고! 좋아, 3일 정도면 읽을 것 같은데. 지우 네 생각은 어때?"

"네. 3일 후 저녁에 발표하는 걸로 할게요!"

"그럼 이번 주 목요일까지 읽고 저녁에 발표하는 걸로……."

"아빠, 오늘은 현장학습이 있어서 이 책을 다 읽기는 힘들 것 같아요. 내일 저녁에 발표하면 좋겠는데요?"

"알았어. 대신 내일 책을 몰아서 다 읽으려 하지 말고 오늘 3분 1씩 읽는 걸로 해!"

"네, 그렇게 할게요."

1일 1독서는 지우가 꾸준히 책을 읽고 발표하는 좋은 습관을 갖게 하자는 취지입니다. 그러나 때로는 서로 상의하고 협의를 하면서 좋은 습관이 꾸준히 유지될 수 있도록 하는 게 가장 중요해요.

책을 읽는 것이 너무 힘들거나 귀찮다는 느낌을 갖게 하는 건 오히려 안 좋다는 생각입니다. 그래서 감기몸살 등 몸이 아플 때나 가족행사나 모임이 있는 날, 학교 체육대회를 하는 날이나 소풍가는 날에는 1일 1독서에도 휴식을 주기도 했답니다.

이런 유연성을 통해 지우가 1일 1독서를 힘들지 않으면서 재미있게 느낄 수 있도록 배려했지요.

하지만 엄격한 규칙이 필요할 때는 절대 양보하지 않았어요. 오늘 발표하기로 한 책을 모두 읽지 못해 내일로 연기해야 하는 경우가 생기기도 했어요. 그럴 때는 1~2시간 정도에 읽을 수 있는 분량을 정해 오늘 반드시 읽고 발표한 후 컴퓨터를 사용할 수 있게 했답니다. 그건 책을 읽고 발표하기로 한 약속을 최대한 지키는 게 중요하다는 걸 인식하고 느끼게 하고 싶었기 때문입니다.

오늘 발표를 못 하면 내일 발표하고, 내일 못 하면 모레하면 되지? 혹시 이런 마음이 조금씩 생기게 된다면 1일 1독서 프로젝트는 금세 실패하게 될 것입니다. 지우의 1일 1독서가 꾸준히 성공적으로 진행될 수 있었던 건 엄격함과 유연성을 적절히 조화시킨 데 있었어요.

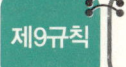

읽고 싶은 도서관 대여 책도 발표 후
1일 1독서 성공 목록에 반영

1일 1독서의 책은 최대한 구매하여 읽고 1일 1독서 전용 책장에서 관리하는 게 포인트입니다. 그렇다고 학교도서관이나 공공도서관에서 빌린 책이라고 불가능한 건 아닙니다.

가끔 학교 도서관에서 꼭 읽고 싶은 책이 눈에 띄어 빌릴 때도 있고, 선생님이 지정된 책을 읽고 독후감 숙제를 냈을 때, 그 책을 1일 1독서의 책으로 대체하곤 했지요. 그런데 도서관에서 대여한 책은 반납해야 하잖아요. 그럼 나에게는 책이 없는 거지요. 책장에서 그날 읽고 발표한 책의 자리는 비게 되는 거고요.

매일 읽고 발표하는 책은 마치 벽돌을 한 장 한 장 쌓아 거대한 탑을 만드는 작업과 똑같다고 생각합니다. 만약 열심히 책을 읽고 발표했는데 벽돌 한 장이 빠졌다고 생각해보세요. 그럼 아무래도 허전한 마음이 들지 않을까요? 이것은 아주 사소하지만 우리가 꿈꾸는 거대한 탑을 쌓아가는 데는 매우 중요하다고 생각합니다.

하지만 책을 반납하더라도 책장을 관리하는 게 아주 불가능한 건 아니지요. 간단한 아이디어로 해결할 수 있답니다.

"아빠 이 책은 도서관에 반납해야 하는데, 어떡하지요?"

"이 책은 도서관에 반납을 해야 하니까, 빈 종이에 책 정보를 기록해 책장에 꽂아두자!"

"아, 그러면 되겠네요."

학교도서관이나 공공도서관에서 책을 빌려 읽고 발표한 후 반납했을 때는 꼭 A4 용지에 제목과 지은이, 출판사를 적어 책장에 똑같이 끼워 넣었습니다. 그렇게 하면 비록 A4 용지 형태지만 지금까지 읽은 책의 리스트를 빼놓지 않고 확인할 수 있게 되지요. 지금까지 읽은 책을 확인할 수도 있고, 내용을 쉽게 떠올릴 수 있게 되고, 지금까지 몇 권을 읽었는지 파악할 수 있게 되는 거지요.

이 규칙으로 지우가 읽었던 책들은 어떤 것이고, 현재 몇 권의 책을 읽고 있는지 수시로 확인할 수 있답니다.

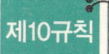
발표는 제목, 지은이 소개, 내용 요약, 소감, 질문, 토론 순으로 진행

1일 1독서 프로젝트의 하이라이트는 '발표'라고 할 수 있어요. 매일 한 권의 책을 읽고 난 후 다른 사람에게 읽은 책의 내용을 발표를 하는 것으로 마무리하는 거지요.

"지우야! 책을 읽고 나서는 발표를 해야 해."

"제가 발표를 잘할 수 있을까요? 겁나는데요?"

"괜찮아, 하다 보면 잘할 수 있을 거야."

다른 사람 앞에게 발표를 하는 것은 결코 쉬운 일은 아니지요. 어른들도 남들 앞에서 발표하는 걸 대부분 두려워합니다. 실제로 어른들에게 가장 힘들고 스트레스를 받는 일을 꼽으라는 설문조사에서 '사람들 앞에서 발표하기'가 최상위 그룹에 속했답니다.

어린이라면 더욱 그렇겠지요. 지우도 처음에는 독서를 한 후 발표를 두려워했답니다. 하지만 연습과 경험 앞에서 두려움은 금세 달아나기 마련입니다. 다른 사람에게 발표하는 기회가 많아질수록 점점 더 발표가 편안해지고 익숙해지지요.

특히 지우의 경우 어떻게 책을 읽고 발표할지 구체적으로 알고 있었기 때문에 금방 익숙해질 수 있었답니다. 1일 1독서를 시작하면서 처음 발표를 시작할 때 발표할 순서를 다음과 같이 정해두었습니다.

- ▶ 오늘 읽은 책의 제목을 소개한다.
- ▶ 책날개에 소개된 지은이에 대해 설명한다.
- ▶ 책의 목차를 살펴보고 이야기의 줄거리나 내용을 발췌하여 소개한다.
- ▶ 내용 중 특별히 새롭게 알게 된 정보나 지식, 인상 깊었던 장면, 중요한 내용을 소개한다.
- ▶ 책을 읽고 나서 느끼는 감정이나 생각을 소개한다.
- ▶ 책 내용에 대해 아빠가 궁금한 점이 있는지 묻거나, 지우가 품었던 질문을 아빠에게 던지거나 책 내용에 대한 주제에 대해 토론을 할 수 있다.

매일 책을 읽고 난 후 이런 순서를 기본으로 발표를 진행하도록 했어요. 발표에 대한 구성이 머릿속에 이미 들어 있기 때문에 책을 읽을 때도 늘 발표를 잘할 수 있도록 생각을 하면서 읽게 되지요.

"책을 읽고 나서 발표를 해야 하니까, 책을 그냥 읽고 마는 게 아니라 많이 생각하면서 읽어야 해. 생각을 머리에 잘 정리해야 발표를 할 수 있으니까."

지우는 그냥 책만 읽는 것과 발표를 할 내용까지 생각하면서 책을 읽을 때와는 큰 차이가 난다고 말했어요. 물론 책의 성격에 따라, 그날의 느낌에 따라 지우는 발표 방법에 변화를 주긴 했죠. 특히 발표 시간이 딱 정해진 것도 아니에요. 때로는 5분 만에 끝날 때도 있었고, 때로는 30분도 넘게 진행된 적도 있었지요.

이렇게 1일 1독서의 발표는 아빠와 지우가 매일매일 함께 만들어가는 신나는 이벤트이자 북쇼라고 할 수 있습니다.

사실 발표는 발표하는 사람도 참 중요하지만 들어주는 역할도 매우 중요합니다. 들어주는 사람의 호응이 높으면 발표도 더욱 재미있어지고, 더 신나게 발표를 할 수 있기 때문입니다. 그래서 매일 저녁시간 아무리 피곤해도, 늦게 집에 오더라도 발표시간을 건너뛰거나 귀찮아하면 안 되는 거지요. 물론 발표를 듣는 게 귀찮거나 그냥 쉬고 싶은 생각이 들 때도 있어요. 하지만 서로 약속과 규칙을 지켜나가야 한다는 생각에 유쾌하게 참여하려고 노력한답니다.

지우의 발표시간에는 책 내용에 대해 진지하게 들어주고, 궁금한 걸 찾아 바로바로 질문하고, 책을 읽으면서 어떤 걸 느꼈는지 물어보기도 합니다. 또 중요한 논쟁이나 문제에 대해서는 서로 의견을 말하면서 토론도 합니다. 이런 적절한 추임 역할은 중요하죠. 그런 시간은 부모와 자식이 서로 교감할 수 있는 소중한 시간입니다.

우리들의 1일 1독서 프로젝트 마지막 제10번째 규칙은 바로 책을 읽고 난 후 발표에 대한 내용으로 채워졌어요.

이렇게 10가지 규칙은 톱니바퀴처럼 멋지게 조화를 이루어 돌면서 매일매일 '아빠와 함께하는 지우의 1일 1독서 프로젝트'를 완성해나갈 수 있게 만들어주었답니다.

　우리가 정한 규칙 외에도 좋은 아이디어가 있다면 얼마든지 추가할 수 있습니다. 더 재미있고 더 신나고 더 유쾌하게 할 수 있는 프로젝트를 아이와 함께 머리를 맞대고 구상한다면 업그레이드된 1일 1독서 프로젝트를 만들 수도 있을 것입니다.

1. 매일 읽을 한 권의 책을 선정할 때는 아이의 수준을 고려해야 합니다.

2. 새롭게 알게 된 지식을 다른 누군가에게 전달해주는 즐거움을 알게 해줍니다.

3. 아이가 얻고 싶은 욕망이 무엇인지 알고, 1일 1독서 프로젝트에 활용한다면 독서 습관을 기르는 강력한 무기가 될 수 있습니다.

4. 도전하는 열정과 성취하는 즐거움을 알게 해줍니다.

5. 가족들의 지원과 격려는 아이의 자존감을 키워주고 독서 습관을 강하게 만들어줍니다.

6. 1일 1독서의 가치가 높고 의미 있다는 것을 느낄 수 있도록 동기부여를 해줍니다.

7. 장르에 구애받지 않고, 다양한 분야의 책을 선정합니다.

8. 1일 1독서가 꾸준히 이뤄질 수 있도록 엄격함과 유연성을 조화시킵니다.

9. 현재 몇 권의 책을 읽었고, 앞으로 읽을 책이 몇 권 남았는지 확인하는 것도 중요합니다.

10. 책을 읽으면서 머릿속으로 생각하고, 그 생각을 정리하면서 생각의 힘을 키울 수 있습니다.

더 하기 싫게 만드는 '잔소리',
함께하고 싶은 '프로젝트'

네 방 청소는 네가 좀 해.

숙제 먼저 해.

게임 좀 그만해.

오늘 목욕하는 날, 목욕해라.

칫솔질할 때 구석구석 꼼꼼히 닦아라.

아이스크림과 밀가루 음식 좀 먹지 마.

부모가 되면 어쩔 수 없이 하게 되는 말들인 거 같아요. 하지만 아이들 생각에는 모두 잔소리이죠. 이런 말을 들으면 당연히 돌아오는 답은 "잔소리 좀 그만 해"입니다. 이건 부모가 아이들에게 늘 들어야 하는 '반사 잔소리'로 느껴지지요. 부모 입장에서도 자식들에게 이런 잔소리는 정말 듣기 싫지요.

어때요?

요즘도 늘 아이들과 옥신각신 잔소리 타령을 하면서 다투고 있지 않나요?

그러나 인정할 건 인정해야 할 듯합니다!

"자꾸 하라고 하면 더 하기 싫어."

맞지요? 어린 아이 시절일 때를 돌아보면 부모님들이 그런 잔소리를 할 때 더 하기 싫었던 기억이 난답니다. 잔소리란 놈은 참 묘한 두 얼굴을 가지고 있는 듯해요.

잔소리처럼 '말'이란 꼭 필요한 주문을 아주 쉽게 요청할 수 있는 장점이 있는 반면, 듣는 사람에게는 귀에 거슬리고 짜증이 나게 만드는 단점도 가지고 있습니다.

그래서 많은 연구자나 교육전문가는 '말'로 잔소리하기보다는 부모가 먼저 '실천'하는 게 좋다고 조언하곤 한답니다. 물론 모든 일에 부모가 솔선수범하는 것이 좋은 방법이긴 하지만, 부모 입장에서 보면 그게 그리 쉬운 건 아니지요. 왜냐하면 부모 역시 하루를 살아가는데 아이들의 교육을 고민하는 것 외에 정말 많은 책임과 역할을 맡고 있기 때문이지요.

가정에서 회사에서 또 많은 인간관계에서 엄마 아빠도 매일매일 해내야 할 몫이 굉장히 많잖아요.

그래서 생각해낸 아이디어가 바로 말로 해결하려거나 부모의 부족한 시간을 더 쪼개서 할애해서 해야 하는 솔선수범보다 100배는 효과가 더 좋은 '프로젝트'를 아이와 함께 구축하는 것이었답니다. 쉽게 말하자면 잔소리는 '말'로 때우는 거고, '프로젝트'는 기승전결로 연결되는 하나의 시스템을 함께 구축하는 거지요. 저는 평소 말이나 솔선수범보다는 함께 만들 수 있는 창의적인 프로젝트에 더 관심이 많고, 그것의 힘과 효과가 더 크다고 믿습니다.

"무단횡단 하지 마"라고 귀에 못이 박이도록 말하는 건 '잔소리'가 되기 쉽고 효과도 별로 없습니다. 하지만, 중앙분리대-신호등-횡단보도-무단횡단 범칙금으로 연결되는 하나의 시스템을 함께 합의하여 만들면 훨씬 효과적인 결과를 가져올 수 있는 것과 같은 이치입니다.

"책 좀 많이 읽었으면 좋겠어"라고 귀에 못이 박이도록 말하는 건 '잔소리'가 되기 쉽잖아요? 하지만 책 읽은 습관을 가진 아이로 만들 수 있는 좋은 시스템을 함께 합의하며 만들면 훨씬 효과가 좋을 거라고 확신했답니다.

"매일 책 읽는 좋은 습관을 가질 수 있는 창의적인 시스템을 만들면 어떨까?"

이 질문의 답이 결국 '1일 1독서 프로젝트'였습니다. 좀 더 구체적으로 말하자면 10가지 규칙으로 연결되는 하나의 시스템을 만든 것이었지요.

저와 지우가 함께 만드는 그 시스템이 작동되는 긴 세월 동안, 저는 지우에게 한 번도 '책 좀 읽어라'고 잔소리한 적이 없어요. 말하지 않아도 지우는 자기 스스로 매일 책을 읽게 됐답니다.

기승전결로 구축되어 스스로 작동하는 시스템은 그 자체에 에너지가 있고 생명력이 있습니다. 자동차처럼 그냥 시동을 걸어주면 스스로 작동하여 움직일 수 있는 엔진과 바퀴가 조화롭게 장착돼 있기 때문입니다.

지우는 어느새 1일 1독서 시스템이라는 자동차의 탁월한 운전수가 되었습니다. 그리고 신나게 자신의 의지로 자동차의 핸들을 잡고 즐겁고 신나는 독서여행을 하고 있지요. 자, 지금부터 지우가 운전하는 자동차 옆에 살짝 타고 지우가 달려왔던 독서여행을 함께 구경해볼까요?

1일 1독서의
기적

지우의
1일 1독서 목록

"내 시작은 미약했지만 끝은 창대하리라."

성경에 나오는 말이지만 지우의 책 읽기 도전을 잘 설명해줄 수 있는 말로도 딱 맞다고 생각해요. 지우의 1일 1독서 도서들이 책장에 한 권씩 전시되기 시작했답니다.

지우가 처음 읽은 책들은 초등학교 저학년용 시리즈 도서였습니다. 하루 30분이면 충분히 읽을 수 있는 책들이었지요. 분량도 많지 않고 내용도 어렵지 않았기 때문에 1일 1독서가 그리 부담스럽지 않았을 것입니다.

자, 그럼 지우가 '아주 쉬운 책'들로 시작했던 첫 권부터 100권 읽기까지의 도서목록을 소개해볼까요?

01. 과학으로 큰 빛을 밝힌 사람들 : 뉴턴, 훈민출판사

02. 사랑으로 빛이 된 사람들 : 테레사 수녀, 훈민출판사

03. 세상의 빛이 된 위대한 지도자들 : 링컨, 훈민출판사

04. 조국과 민족을 위해 희생한 사람들 : 이순신, 훈민출판사

05. 사랑으로 빛을 밝힌 사람들 : 안창호, 훈민출판사

06. 조국과 민족을 위해 희생한 사람들 : 유관순, 훈민출판사

07. 세상의 빛이 된 위대한 지도자들 : 이성계, 훈민출판사

08. 문화와 예술로 꿈을 심어준 사람들 : 베토벤, 훈민출판사

09. 문화와 예술로 꿈을 심어준 사람들 : 모차르트, 훈민출판사

10. 사랑으로 빛이 된 사람들 : 허준, 훈민출판사

11. 문화와 예술로 꿈을 심어준 사람들 : 레오나르도 다빈치, 훈민출판사

12. 문화와 예술로 꿈을 심어준 사람들 : 세종대왕, 훈민출판사

13. 세상의 빛이 된 위대한 지도자들 : 나폴레옹, 훈민출판사

14. 과학으로 큰 빛을 밝힌 사람들 : 에디슨, 훈민출판사

15. 일류에 미래에 힘쓴 사람들 : 광개토대왕, 훈민출판사

16. 세상의 빛이 된 위대한 지도자들 : 워싱턴, 훈민출판사

17. 사랑으로 빛을 밝힌 사람들 : 석가모니, 훈민출판사

18. 사랑으로 빛을 밝힌 사람들 : 김구, 훈민출판사

19. 과학으로 큰 빛을 밝힌 사람들 : 아인슈타인, 훈민출판사

20. 문화와 예술로 꿈을 심어준 사람들 : 신사임당, 훈민출판사

61. 깡통 소년, 크리스티네 뇌스틀링거 글, 아이세움

62. 거짓말 학교, 전성희 글, 문학동네

63. 마사코의 질문, 손연자 글, 푸른책들

64. 풀빵엄마, 노경희 글, 동아일보사

65. 꿈을 이루는 습관, 고향 글, 글로세움

66. 다빈치가 그린 생각의 연금술, 신동운 글, 스타북스

67. 초등수학 개념사전, 심진경 · 서주식 · 최순미 글, 아울복

68. 수학 귀신, 엔첸스베르거 글, 비룡소

69. 외딴 집 외딴 다락방에서, 필리파 피어스 글, 논장

70. 아버지의 편지, 정약용 글, 함께읽는책

71. 나의 라임오렌지나무, J. M. 바스콘셀로스 글, 동녘주니어

72. 이 세상에 태어나길 참 잘했다, 박완서 글, 어린이작가정신

73. 우리들의 일그러진 영웅, 이문열 글, 다림

74. 노래기야, 춤춰라! 채인선 지음, 논장

75. 지구를 구하는 경제 책, 강수돌 글, 봄나무

76. 인류의 미래를 위해 힘쓴 사람들 공자, 훈민출판사

77. 천하의 중심을 꿈꾼 나라 중국 이야기, 허용우 글, 아이세움

78. 별, 알퐁스 도데 글, 인디북

79. 마지막 잎새, 오 헨리 글, 훈민출판사

80. 키다리 아저씨, 진 웹스터 글, 훈민출판사

81. 빌헬름 텔, 실러 글, 훈민출판사

책을 읽기 시작한 지 4개월여 만에 드디어 100권 목표 달성!

지우가 1일 1독서 100권의 목표를 달성한 후 가족들은 다 함께 모여 축하파티를 열었답니다. 물론 상장과 상금 수여식도 함께 했지요.

지우는 자신이 달성한 목표에 스스로도 믿어지지 않은 듯 흥분했고, 가족들은 진심으로 축하의 말을 건넸어요.

그러나 정말 놀라운 건 다른 곳에 있었지요. 책 목록의 순서에서 보듯 불과 50권 정도의 독서가 진행되면서 책 읽기 수준이 굉장히 높아졌다는 점입니다. 동화 수준의 글에서 완전히 글로만 된 200페이지 분량의 책들도 금세 어렵지 않게 읽게 되었습니다.

100권의 독서를 이루어내면서 초등학교 고학년 책들이나 중학생 수준의 책들을 어렵지 않게 읽고 발표까지 하게 됐습니다.

더구나 읽은 책이 늘어나면서 독서 수준이 높아짐에 따라 다음에 읽을 책 선택의 폭은 아주 넓어졌어요. 고학년 추천도서 목록의 책들이 1일 1독서 도서로 선택되고, 소설이나 자기계발 등 다양한 문학작품, 역사, 과학, 인물, 문화 등 분야를 가리지 않고 자유롭게 읽을 수 있게 됐지요.

그렇게 101권을 시작으로 매일 책을 읽어나가며 또다시 200권 독서 목표 달성이라는 새로운 도전이 시작됐어요. 지우가 200권까지 완성해 낸 1일 1독서 목록을 소개해보겠습니다.

101. 열하일기, 박지원 글, 파란자전거

102. 〈열하일기〉 연암 박지원의 생각수업, 강욱 글, 스콜라

103. 플랜더스의 개, 위다 글, 계림북스

104. 어린이 과학시험, 신한교재사

105. 동전 한 닢의 힘, 조지 섀넌 글, 베틀북

106. 아기 소나무, 권정생 글, 산하

107. 삼국사기, 김부식 글, 타임기획

108. 비행기와 하느님과 똥, 강무홍 글, 논장

109. 이선비, 성균관에 들어가다, 세계로 글, 아이세움

110. 곱슬머리 내 짝꿍, 조성자 글, 대교출판

111. 맛있는 세계사, 주영하 글, 소와당

112. 잃어버린 자전거, 마리온 데인 바우어 글, 내인생의책

113. 진휘 바이러스, 최나미 글, 우리교육

114. 세상을 바꾼 위대한 책벌레들, 김문태 글, 뜨인돌어린이

115. 위대한 발명품이 나를 울려요, 햇살과나무꾼 글, 사계절

116. 존 아저씨의 꿈의 목록, 존 고다드 글, 글담어린이

117. 구더기는 똥이 좋아, 김순한 글, 주니어

118. 재미있는 정치 이야기, 조항록 글, 가나출판사

119. 내 인생의 코끼리, 랄프 헬퍼 글, 키다리

120. 무기 팔지 마세요!, 위기철 글, 청년사

161. 인간의 오랜 친구 개, 김황 글, 논장

162. 나는 뻐꾸기다, 김혜연 글, 비룡소

163. 내 친구를 찾아서, 조성자 글, 시공주니어

164. 오베라는 남자, 프레드릭 배크만 글, 다산책방

165. 청소부 밥, 토드 홉킨스 글, 위즈덤하우스

166. 안데르센 단편선, 한스 크리스티안 안데르센 글, 한국헤밍웨이

167. 위대한 생각의 힘, 제임스 앨런 글, 문예출판사

168. 로빈 후드의 모험, 하워스 파일 글, 훈민출판사

169. 해저 2만리, 쥘 베른 글, 훈민출판사

170. 앨빈 토플러 청소년 부의 미래, 앨빈 토플러 · 하이디 토플러 글,
    청림출판

171. 소나기, 황순원 글, 다림

172. 못된 마거릿, 토어 세이들러 글, 논장

173. 꼬마 할머니의 비밀, 다카도노 호코 글, 논장

174. 소년탐정 1, 아스트리드 린드그렌 글, 논장

175. 소년탐정 2, 아스트리드 린드그렌 글, 논장

176. 소년탐정 3, 아스트리드 린드그렌 글, 논장

177. 도서관에 사는 마법의 유니콘, 마이클 모퍼고 글, 주니어

178. 내 작고 멋진 세상, 귀스타브 아카크포 글, 미래아이

179. 헴록 산의 곰, 앨리스 돌글리시 글, 논장

180. 사랑으로 빛이 된 사람들 헬렌 켈러, 훈민출판사

200권의 1일 1독서 완성은 이 프로젝트에 도전하기로 한 지 거의 1년 가까이 흐를 때였어요. 일요일과 공휴일을 제외하고 매일매일 책 읽기와 발표를 쉼 없이 해왔습니다. 200권 축하 파티와 상금 및 상장 수여식에서도 우리 가족들은 모두 감격했답니다.

가족 모두가 지우에게 '엄지 척'을 날려줬지요. 지우는 이전보다 훨씬 자신감에 차 있었고, '스스로 대단하다'고 느끼는 자존감이 엿보였답니다.

어느새 지우는 매일 책 읽고 발표하는 어린이가 되어 있었어요. 목표를 정하고 도전하고 성취하고, 그래서 꿈을 이룬 후의 기쁨과 감동의 맛을 아는 아이가 됐습니다. 그리고 스스로 적극적으로 책을 읽고 발표를 하는 게 얼마나 신나는 일인가를 알게 되었습니다.

수업 전에, 독서시간에, 쉬는 시간에, 방과 후 늘 책을 옆에 끼고 사는 아이가 되고 세상에서 가장 소중한 독서 습관을 몸에 익힌 거지요.

그렇게 지우의 1일 1독서 도전은 멈추지 않고 지금도 여전히 계속되고 있습니다. 300권을 향해가는 지우의 1일 1독서 목록도 함께 살펴볼까요?

201. 깨비의 노래는 정말 너무해, 에이코 카도노 글, 예림당

202. 제키의 지구 여행, 문선이 글, 길벗어린이

203. 세상을 바꾼 아이, 앤디 앤드루스 글, 밝은미래

204. 화분을 키워 주세요, 진 자이언 글, 웅진주니어

205. 난 뭐든지 할 수 있어, 아스트리드 린드그렌 글, 논장

206. 어린 왕자, 생텍쥐페리 글, 세상모든책

207. 영원히 사는 법, 콜린 톰슨 글, 논장

208. 털북숭이 토끼야, 고마워, 지미 글, 주니어

209. 신비로운 인물화는 무엇을 말하고 있을까, 이주헌 글, 다섯수레

210. 유전자 속의 놀라운 비밀, 프랜 보크윌 글, 승산

211. 코믹 테일즈런너 고고씽 11, 스토리이펙트 글, 이정태 만화,
     주니어김영사

212. 타임머신, 허버트 조지 웰스 글, 한국톨스토이

213. 암탉 한 마리, 케이티 스미스 밀웨이 글, 키다리

214. 부자가 되는 좋은 경제 습관 거지가 되는 나쁜 경제 습관, 최동인 글,
     정혜영 만화

215. 49일간의 비밀, 작크 팡스텐 글, 문원

216. 세상의 빛이 된 위대한 지도자들 왕건, 훈민출판사

217. 인류의 미래를 위해 힘쓴 사람들 콜럼버스, 훈민출판사

218. 어린 왕자, 생텍쥐페리 지음, 훈민출판사

219. 역사 속의 한국인 100, 김소천 글, 바른사

220. 찰리와 초콜릿 공장, 로알드 달 글, 시공주니어

221. 에밀과 탐정들, 에리히 캐스트너 글, 시공주니어

222. 꼬마마녀, 오트프리트 프로이슬러 글, 길벗어린이

223. 둥글둥글 지구촌 문화 이야기, 크리스티네 슐츠 라이스 글, 풀빛

224. 그래서 이런 정치가 생겼대요, 우리누리 글, 길벗스쿨

225. 고래 벽화, 김해원 글, 바람의아이들

226. 안중근, 이수광 글, 삼성당

227. 너도 하늘말나리야, 이금이 글, 푸른책들

228. 독서감상과 논술교실, 류동백 글, 책동네

229. 처음으로 만나는 삼국지 1, 김민수 글, 녹색지팡이

230. 처음으로 만나는 삼국지 2, 김민수 글, 녹색지팡이

231. 처음으로 만나는 삼국지 3, 김민수 글, 녹색지팡이

232. 인간이 만든 동물의 길 생태통로 김황 글, 안은진 그림, 논장

233. 처음으로 만나는 삼국지 4, 김민수 글, 녹색지팡이

234. 처음으로 만나는 삼국지 5, 김민수 글, 녹색지팡이

235. 빌헬름, 하우프 글, 창작과비평사

236. 피타고라스 구출작전, 김성수 글, 주니어김영사

237. 시간 먹는 시먹깨비, 김바다 글, 대교주니어

238. 삼각형, 캐서린 셀드릭 로스 글, 비룡소

239. 베니스의 상인, 셰익스피어 원작, 창작과비평사

279。 서유기 1, 오승은 지음, 문학과지성사

280。 서유기 2, 오승은 지음, 문학과지성사

281。 서유기 3, 오승은 지음, 문학과지성사

282。 세계 옛날이야기, 훈민출판사

283。 도전 IQ 150 머리가 좋아지는 두뇌 퀴즈, 전민희 지음, 채우리

284。 공부짱 댄스짱, 고정욱 지음, 다숲

285。 감자 오그랑죽, 박경희 지음, 물망초

286。 민주주의 등불 장준하, 김민수 지음, 사계절

287。 세상에 대하여 우리가 더 잘 알아야할 교양—공정무역,
　　　 아드리안 쿠퍼 지음, 내인생의 책

288。 햄릿에서 데미안까지 명작의 탄생, 햇살과나무꾼 지음, 아이세움

289。 80일간의 세계일주, 훈민출판사

290。 레오나르도 다빈치, 권용찬 지음, 돌베개

291。 올리버 트위스트, 훈민출판사

292。 생각 깨우기, 이어령 지음, 푸른솔주니어

293。 허풍선 남작의 모험, 훈민출판사

294。 모비 딕, 허민 멜빌 지음, 지경사

295。 아빠 경영학이 뭐예요?, 심윤섭 지음, 예문당

296。 역사 논쟁, 최영민 지음, 풀빛

297。 철학자는 왜 거꾸로 생각할까?, 요술피리 지음, 올벼

298。 시튼 동물기, 훈민출판사

지우의 1일 1독서는 현재 진행형입니다. 이제 300권의 목표 달성을 지나 400권의 목표를 향해 나아가고 있답니다. 몇 개월이 지나지 않아 곧 그 목표가 달성될 것입니다. 아마 그렇게 400권, 600권, 1,000권을 향한 지우의 도전은 멈추지 않겠지요. 고등학교까지 1,000권의 1일 1독서를 완성하는 게 지우의 꿈입니다. 지우의 책 읽기 도전이 이루어질 수 있도록 많은 응원을 할 것입니다.

지우의 300권을 목표로 한 1일 1독서를 통해 얻게 된 것들입니다. 100권을 읽을 때보다 200권을 읽었을 때 더 성장한 모습을 보였죠.

• 1일 1독서를 하기 전 지우

책이라면 손사래를 칠 정도로 책 읽기를 싫어했죠.

• 100권을 읽은 후 지우

50권을 읽자 지우의 독서 수준은 놀라울 정도로 높아졌습니다. 100권을 읽으면서 200페이지가 넘는 책도 거뜬히 읽게 되었고 다양한 분야의 책들을 선정할 수 있게 되었습니다.

• 200권을 읽은 후 지우

수업 전에, 독서시간에, 쉬는 시간에 그리고 방과 후에 늘 책을 옆에 끼고 사는 아이가 되었습니다. 독서 습관을 완전히 몸에 익히게 되었죠.

• 300권을 향해가는 지우

매일매일 책 읽기가 몸에 밴 지우는 이제 고등학교까지 1,000권의 책을 읽겠다는 꿈을 꾸고 있습니다. 지우의 책 읽기는 300권으로 완료되는 것이 아니라 앞으로도 쭉 계속될 것입니다.

02

1일 1독서 후
달라진 지우 생각

1일 1독서를 한 후 지우는 정말 많은 것이 달라졌습니다.

어떤 변화가 생겼을까요? 지우 마음속에 정말로 어떤 생각이 들어왔을까요? 우린 함께 그걸 찾아보았어요. 그리고 지우는 다음과 같은 11가지의 변화를 꼽았답니다.

지우의 이야기를 직접 들어볼까요?

지우
생각 1

이루었다는 성취감이 커졌어요.

"매일 이런 책을 제가 다 읽고 발표까지 하다니 발표한 후에도 스스로도 도무지 믿기지 않을 때가 많았어요. 한 권 한 권 쌓아 100권, 200권의 목표를 달성했을 때는 정말 기분이 너무 좋았지요. 정말 자랑스럽고 뿌듯한 마음이 생겼어요."

독서 수준이 높아진 거 같아요.

지우
생각 2

"초등 1~2학년 정도의 독서 수준에서 중학교 수준으로 점프한 것 같아요. 1일 1독서를 하기 전까지는 책을 별로 안 읽었어요. 그림동화처럼 글보다 그림이 더 많은 책을 좋아했어요. 계속 독서를 하다 보니까 글로만 된 300 페이지 이상의 청소년 도서까지 어렵지 않게 읽고 발표할 수 있게 됐어요."

독서에 흥미가 생겼어요.

지우
생각 3

"매일 독서를 하다 보니 책 읽는 게 정말 재미있다는 걸 알게 됐어요. 다양한 이야기를 들을 수 있고 다른 사람들의 삶, 오래 전 위인들에게 정말 많은 걸 배울 수 있는 기회가 되었어요. 그래도 책 중에 소설을 읽을 때가 제일 재미 있고 흥미 있는 것 같아요."

어휘력이 풍부해졌어요.

지우
생각 4

"꾸준히 책을 읽으면 아는 단어가 많아져요. 처음에는 모르는 단어나 어려운 용어들이 많았는데 그때마다 발표할 때 아빠에게 질문했어요. 다양한 책을 읽다 보니 이해할 수 없는 단어는 점점 줄어든 것 같아요. 그러니까 책 읽는 속도가 점점 빨라졌어요. 어휘력이 늘수록 어려운 책도 쉽게 이해가 되고, 두꺼운 책도 하루 만에 다 읽고 발표할 수 있게 돼요."

독서 집중력이 강해졌어요.

"책을 굉장히 빨리 읽을 수 있게 됐어요. 매일 한 권의 책을 다 읽어야 하기 때문에 독서할 때 완전 집중해서 읽게 되는 것 같아요. 이제 누가 방해만 하지 않으면 한 자리에서 책 한 권을 끝까지 읽을 수 있게 됐어요. 1일 1독서는 그냥 책만 읽으면 안 돼요. 발표를 해야 하잖아요. 그래서 늘 발표를 생각하면서 읽어야 해요. 아주 중요하거나 핵심적인 부분은 정말 집중해야 생각을 정리해서 발표를 잘할 수 있거든요."

학교수업 내용이 이해가 더 잘 돼요.

"1일 1독서를 하면서 좋은 건 학교 수업에 굉장히 도움이 된다는 점이에요. 읽었던 책 내용이 수업시간에 나오는 경우도 많아요. 선생님의 질문이 책에서 이미 읽었던 내용인 적이 많거든요. 아무도 대답을 못 할 때 제가 손들고 발표를 했는데 기분이 정말 좋았던 기억이 나요. 수업 내용이 이해가 잘 되니 훨씬 재미있어요."

자신감이 커졌어요.

"전 솔직히 이전엔 잘하는 게 없었거든요. 공부도 그렇지만, 운동을 잘하는 친구들이 정말 부러웠고, 노래 같은 것도 잘 못 하고. 사실 잘하는 게 별로 없어서 자신감이 없었는데 1일 1독서를 하면서 자신감이 부쩍 커졌어요. 한두 명 정도 책을 많이 읽는 친구도 있지만 매일매일 책을 읽고 발표하는 아이들은 없을 거예요. 자신감이 생기니까 친구들에게도 당당하고 다양한 친구들과 훨씬 더 친하게 지낼 수 있게 되더라고요."

책을 읽고 요약정리 능력이 생겼어요.

"1일 1독서는 책을 읽고 발표를 해야 하기 때문에 내용을 잘 요약해서 생각해두어야 해요. 물론 따로 정리해두는 건 아니지만 발표할 내용을 미리 구성하고 머릿속에 정리하면서 책을 읽게 돼요. 한 가지 발표 요령은 책의 목차를 잘 활용하는 거예요. 책에서 목차가 굉장히 중요하다는 걸 알게 됐어요. 책의 목차를 보면서 중요한 내용을 요약정리하고 머릿속에 담아둬요. 또 목차를 보면서 발표를 하면 매우 쉽다는 것도 알게 됐어요."

발표력이 점점 좋아지는 것 같아요.

"책을 읽고 난 후 매일 발표를 하잖아요. 당연히 발표력이 좋아지지요. 처음에 정말 책을 읽고 어떻게 발표를 해야 할지 몰라서 1분도 안 돼 발표를 마치기도 했는데, 이젠 발표시간을 마음대로 조절할 수도 있어요. 또 처음에는 아빠 앞에서 발표하는 것도 좀 부끄러웠는데, 지금은 아주 편하게 발표할 수 있어요."

글쓰기 능력이 좋아지는 것 같아요.

"지금도 글을 잘 쓴다고 생각하지는 않지만 1일 1독서를 하기 전에 글이라곤 엄마 아빠에게 생일카드나 일기 밖에 써본 적이 없거든요. 그런데 독서를 많이 하게 되면서 학교 글짓기 상도 받게 됐어요. 불과 1년 전의 저를 생각하면 이건 정말 기적이지요. 선생님께서 '글쓰기를 따로 배운 적이 있니?' 하며 글을 잘 쓴다는 칭찬을 들었어요. 얼마 전에도 실험관찰 수업에서 글쓰기를 한 적이 있었는데, 선생님께서 제가 쓴 글을 많이 칭찬해주셔서 정말 기분이 좋았어요."

**지우
생각 11**

지식도 늘고 이해력도 높아졌어요.

"책을 많이 읽으니까 '말싸움'도 잘하게 되는 것 같아요. 친구들이 말도 안되는 이야기로 시비나 장난을 걸어올 때 논리적으로 반박할 수 있게 됐어요. 특히 다양한 사람들의 생각이 있고, 각자 다를 수 있다는 것도 알게 됐어요. 사람에 대한 이해가 늘었고, 아이디어 같은 걸 떠올려야 할 때 머리 회전도 빨라진 것 같아요."

책을 읽는다는 건 단순히 글자만 읽는 것이 아닙니다. 책을 읽는다는 건 읽기, 요약하기, 생각하기, 정리하기, 발표하기, 글쓰기 등 다양한 능력과 연결돼 있습니다. 책 읽기는 한 번에 두 마리 토끼를 잡는 정도가 아니라 한 번에 10마리 이상의 토끼를 잡는 수 있는 사실을 지우의 이야기를 들으면서 알게 됐답니다.

1일 1독서의 힘 ❷

매일매일 꾸준히 한 권의 책을 읽어나간다면 다음과 같은 능력이 키워진답니다.

1. 매일매일 한 권의 책을 읽어냈다는 성취감이 커집니다.
2. 한 권씩 읽은 책이 늘어날 때마다 독서 수준이 높아집니다.
3. 매일 책을 읽다 보니 독서에 흥미가 생겨납니다.
4. 많은 책을 읽다 보니 어휘력이 풍부해졌습니다.
5. 집중력이 강해집니다.
6. 매일 한 권의 책을 읽어내면서 자신감이 커집니다.
7. 책을 읽고 핵심을 파악하고, 요약 정리하는 능력이 향상됩니다.
8. 책을 읽고 정리하면서 내용 파악이 잘 되면서 학교 수업 내용을 이해하는 것이 쉬워집니다.
9. 1일 1독서의 완성은 발표입니다. 매일매일 읽은 책을 발표하면서 발표력이 좋아집니다.
10. 책을 읽은 만큼 지식과 정보가 쌓여갑니다.

책 안 읽던 아이,
스스로 책을 찾아 읽다

"아빠, 내일은 어떤 책 읽을까요?"

"아빠, 발표할 시간이에요."

"아빠, 이번 책은 좀 어려웠어요."

1일 1독서를 하기 시작하면서 지우는 정말 많이 달라졌답니다. 평소에도 긍정적인 성격이긴 했지만 훨씬 더 밝아진 느낌입니다. 심지어는 대놓고 잘난 체까지 거침없이 합니다.

어느 날 제가 아주 짧고 그림으로 표현된 책이지만 꼭 추천하고 싶은 책을 내일의 도서로 정해준 적이 있었습니다. 그때 책을 펼치면서 지우가 하는 말!

"아빠, 이 책은 페이지도 적고 그림도 많은데 내 수준에 안 맞는 거 아니에요?"

"오! 벌써 수준을 따지는 거니?"

그 말을 듣고 저는 푸하핫! 웃음을 터트렸죠.

"짧지만 우리가 꼭 한 번쯤은 진지하게 생각할 내용이야."

그 책을 선정한 이유를 설명해주자, 지우는 내일 읽을 책으로 받아들였지요.

책은 이제 지우와 저 사이에 중요한 소통의 도구가 되었답니다. 책은 지우에게 해주고 싶은 수많은 이야기이기도 하지요.

제가 시시콜콜 많은 이야기를 직접 한다면 그건 의미 없는 충고가 될 가능성이 클 거예요! 하지만 책은 아빠나 엄마처럼 절대 일방적인 충고를 쏟아내진 않아요. 언제든 열린 마음으로 글을 읽을 수 있고, 책을 덮을 수 있는 자유까지 있으니까요.

책을 정하고 발표를 듣고 함께 책 내용을 이야기하거나 토론하는 시간이 매일 우리를 기다리고 있습니다. 매일매일 그 시간만큼은 우리에게 허락된 '대화 시간'이랍니다.

그렇게 매일 책을 사이에 두고 대화의 시간을 보낸 우리는 많은 것을 얻을 수 있었답니다.

"처음에는 컴퓨터를 해야 하니까 책을 읽어야 했어요. 물론 용돈도 탐이 났고요."

처음 이런 불손한 '욕망'에서 시작했던 지우의 책 읽기였지만, 이젠 지우가 1일 1독서를 더 좋아하게 되었습니다. 책 읽는 즐거움을 서서히 알게 된 거지요. 독서의 매력을 아는 아이가 되는 게 어려운 건 아니었어요. 불과 50여 권 정도의 책을 매일매일 읽고 발표하는 시간을 갖자 생각이 달라지더라고요. 꾸준히 1일 1독서를 실천하니 책들이 저절로 훌륭한 친구가 된 것이죠.

4학년이 돼서도 기껏 그림동화나 어린이 만화만 보던 아이가 어느새 두꺼운 텍스트 책을 진지하게 읽는 모습은 사실 너무 신기하답니다. 그책의 내용을 이해하고 정리하여 발표할 때면 더욱 놀라운 생각이 듭니다. 책의 내용이나 줄거리를 소개하고 중요한 사항을 뽑아 설명하며 발표를 주도해나갈 때에는 신기하기까지 합니다. 어른들도 책 내용을 기억하고 요약 발표하는 건 쉬운 일은 아니기 때문이지요.

발표 횟수가 늘어갈수록 책을 읽고 정리 요약하는 지우의 능력은 급성장해나가는 것 같아요. 특히 어린이들은 정보를 스펀지처럼 빨아들이는 능력이 강해 흡수된 정보들은 몸속에 솟구쳐 오르는 에너지가 됩니다. 그리고 무엇이든 단숨에 기억할 수 있는, 어른보다 거대한 뇌 도서관이 있다는 걸 새삼 깨닫게 되었습니다.

그런 능력을 발휘할 수 있는 기회를 만들어준 '1일 1독서'와의 만남! 어느새 지우는 자긍심이 없던 아이에서 독서를 통해 자존감이 강한 아이로 변했습니다.

1일 1독서 프로젝트의 가장 큰 장점은 가족끼리의 소통의 도구가 된다는 점입니다. 의견을 교환하고 토론하면서 많은 대화를 나눌 수 있기도 하죠. 또한 아이에게 해주고 싶은 수많은 이야기를 책을 통해 전달해줄 수 있다는 장점도 있습니다.

교과서도 그냥
1일 1독서로 한다

"와! 새 교과서다."

새 학기가 되면 아이들이 새 교과서를 받아옵니다.

우리도 학창 시절 교과서를 받았을 때가 생각나요. 겨울에 아무도 밟지 않은 첫 눈길을 밟은 것 같은 기분! 신나고 들뜨고 귀중한 선물을 받은 듯한 기분 말이죠.

1일 1독서를 하면서 맞이한 새 학기. 지우가 가방 한 가득 새 교과서를 받아왔어요.

그때 아이디어가 하나 떠올랐습니다.

새 교과서를 받으면 교과서 내용에 대해 호기심이 가장 많이 생길 때잖아요. 시키지 않아도 어떤 내용이 있나 살펴보게 되지요. 그런 마음과

1일 1독서를 결합시키면 어떨까? 이런 생각이 스친 거지요.

"지우야! 내일 1일 1독서 책은 오늘 새로 받은 교과서 중에 국어 교과서로 해보자."

"교과서를 1일 1독서로 한다고요?"

"그래! 맞아. 앞으로 한 학기 동안 배울 거지만 교과서를 처음부터 끝까지 한번 소설책 읽듯이 읽어보는 거야. 공부하는 교과서가 아니라 즐겁게 읽어보는 책으로 말이야."

"모든 교과서를 다 읽어야 해요?"

"아니, 그럴 순 없을 것 같아. 수학이나 영어 교과서는 제외하고 국어나 도덕, 사회 등을 1일 1독서로 정해서 한번 읽어보자."

그렇게 새 학기에는 1일 1독서 책으로 교과서를 선정하기도 했습니다. 물론 교과서는 1일 1독서 책장에 넣지 않고 독서목록에도 제외했어요. 하지만 아마 교과서 한 권을 소설 읽듯이 하루 만에 처음부터 끝까지 다 읽어보는 건 지우에게도 특별한 경험이었을 거예요.

저는 평소 학기가 시작되기 전에 새 교과서를 처음부터 끝까지 쭉 읽어본다는 건 매우 의미 있는 일이라고 생각했습니다.

우리는 새 교과서를 받으면 첫 장부터 공부를 시작하잖아요. 학교 선생님의 진도에 따라 한 장씩 공부하면서 교과서에 어떤 내용이 들어 있는 알게 되지요. 그렇다면 교과서의 마지막 부분은 늘 학기 말에나 알게 되는 게 보통이지요.

저는 이런 방법보다는 먼저 전체를 상상하거나 교과서 전체를 훑어본 후 하나씩 차례차례 정확하게 알아가는 것이 좋다고 생각해요.

"벽돌을 하나씩 쌓다보면 뭔가 만들어질 거야!"

이런 막연한 생각으로 공부하는 것보다 전체의 모습을 그려보고 가는 게 현명해 보이지 않나요?

"내가 화려한 5층탑을 만들려고 해. 그 모습은 이렇게 새 학기부터 매달 1층부터 5층까지 한 층씩 쌓아 올라갈 것이고, 마지막에는 화려하게 내가 상상했던 모습으로 장식할 거야."

우리가 가는 길을 미리 상상하고 충분히 알고 가는 건 매우 중요합니다. 우리가 도착할 목적지를 알 수 있고, 기승전결의 전체를 이해한 후 작은 목표를 이뤄가면서 결국 최종 목표를 향해가는 과정이 지루하지 않도록 도와줍니다. 다음에 어떤 것을 해야 하는지 이해도 할 수 있고요. 그리고 교과서를 통해 공부해가면서 전체 내용에 대한 익숙함과 친근함이 훨씬 더 많이 느껴지게 되지요.

교과서 1일 1독서는 아주 재미있는 '예습'이라고 할 수 있지요. 비록 하루에 1일 1독서로 읽지만 그날만큼은 교과서 전체를 머릿속에 그려볼 수 있는 의미 있는 시간이랍니다.

물론 지우는 다양한 교과서를 읽고 발표까지 했답니다. 이번 학기 교과서를 읽어본 느낌이라든지, 특별히 국어 교과서 중 인상적이고 흥미 있었던 내용은 무엇인지, 앞으로 이 부분을 배우면 재미있을 것 같다는 느낌 등을 말했어요. 그 순간만큼은 무겁고 딱딱한 교과서가 아니라 아주 반가운 친구 같은 책이 되는 거지요.

새 학기 새 교과서도 1일 1독서! 꼭 기억해두세요.

1일 1독서의 힘 ❹

교과서를 소설책 읽듯이 읽는다? 공부하는 책이 아닌 재미있고 흥미 있는 새로운 정보가 가득한 책으로 교과서를 한번 읽어보면 어떨까요? 전체를 한 번 훑어보는 것만으로 충분한 선행학습 효과를 얻을 수 있답니다.

다음은
글쓰기 도전이다!

책을 열심히 읽으면 읽을수록 글을 쓰고 싶은 마음도 조금씩 생기게 됩니다. 읽기와 쓰기는 마치 동전의 양면과도 같지요. 책을 읽은 후 떠오르는 생각을 말로 발표하는 것과 글로 쓰는 것은 사실 큰 차이가 없답니다. 말하듯이 글로 쓰는 것이 바로 좋은 글쓰기의 방법이니까요.

이 때문에 책을 많이 읽으면 누구나 글쓰기에 대한 관심도 늘게 됩니다. 아주 자연스러운 현상이지요. 게다가 글쓰기에 대한 자신감도 조금씩 커지게 됩니다.

1일 1독서를 하면서 아이들이 '글쓰기'에 대한 자신감이나 관심이 부쩍 늘었을 때쯤 새로운 도전을 제안해보면 어떨까요?

"지우야! 너도 글쓰기에 한번 도전해볼래?"

지우에게 글쓰기라는 새로운 도전거리가 있다는 걸 자주 알려줍니다. 글쓰기가 1일 1독서의 마지막 완성이라는 생각에서요.

마침 책 읽는 아이들에게 제안할 만한 글쓰기 도전에 아주 안성맞춤인 게 있는데, 그게 바로 '공모전'입니다.

공모전은 공개적으로 글이나 아이디어를 모으는 것입니다. 학교에서도 대회를 많이 하지만 전국 단위 어린이 공모전 중에는 글짓기 분야가 굉장히 많습니다.

1등을 하면 시상금이 꽤 높답니다. 많게는 100만 원에 이를 정도로 엄청나기도 하지만, 장관상 등 국가기관의 권위 있는 상을 받을 수도 있어요. 당선되면 평생 좋은 경력으로 남아 자신을 소개할 때 더 멋지고 돋보이게 할 수 있지요.

또 학교 밖이란 넓은 무대에서 전국에 있는 다양한 친구들과 선의의 경쟁을 펼치면서 더 넓은 시야를 갖게 되는 기회이기도 합니다.

물론 전국 단위의 공모전에 참여하기 위해서는 좀 더 체계적인 글쓰기 요령이 필요합니다. 좋은 글을 작성하기 위해서는 먼저 글의 형식을 고민해보아야 합니다. 내가 알고 있는 풍부한 지식을 감칠맛 나게 글로 정리하는 설명문도 좋고, 개성적인 느낌을 살리기 위해서 이야기식, 편지식, 대화체, 경험담 등의 형식을 이용하는 것도 좋습니다.

이런 형식 중 하나를 선택하는 것은 많은 책을 통해 다양한 형식의 글을 접해본 아이들이 더 유리하겠죠.

그리고 본격적으로 어린이 글짓기 공모전에 참여하기 위해서는 1일 1 독서가 정말 큰 도움이 될 수 있답니다. 그건 책을 통해 많은 정보를 얻고 핵심을 파악하여 머릿속에서 정리할 줄 알아야 좋은 글쓰기가 가능하기 때문입니다.

예를 들어 '원자력 글짓기 공모전'처럼 원자력이란 주제라면 당연히 원자력에 대한 다양하고 구체적인 정보를 파악하고 주최기관이 원하는 긍정적인 원자력의 요소들을 발췌해 잘 이해하는 것이 기본이라 할 수 있겠지요.

공모전을 주최하는 곳의 홈페이지에 들어가서 주제를 찾아보고 다양한 정보를 취합해 정리할 수 있어야 합니다. 또 그 정보들로 다양한 시각에서 부모님과 토론하고 자신의 경험담이나 생각을 발표해보는 것이 글쓰기에 큰 도움이 되지요. 이 과정은 우리가 지금까지 말했던 1일 1독서의 진행방식과 거의 똑같습니다.

> ▶**1일 1독서 프로젝트**
> 책을 읽고 내용 이해 + 핵심 메시지 요약 발췌 + 자기 생각과 결합 + 발표
>
> ▶**공모전 당선비결**
> 주최사의 요구와 주제 이해 + 핵심 메시지 요약 발췌 + 자신의 경험담이나 생각과 결합 + 글쓰기

주제가 파악이 되고 많은 정보들을 확보했다면 이제 '주제와 나' 혹은 '주제와 우리(가족)' 등과 같이 실제적인 나와 주제의 관계나 연관된 공통분모를 찾아야 합니다.

자신이 직접 겪었던 경험이나 에피소드, 잘못 알고 있었던 것을 바로 알게 되는 과정, 달라진 생각, 행동의 변화 등을 글의 소재로 활용하면 아주 좋습니다.

마지막으로 글짓기에서 중요한 것은 문장력이라고 할 수 있지요. 벽돌 한 장 한 장이 바로 단어 선택이 될 것입니다. 단어와 단어들을 붙였다 떼었다, 앞뒤 위치를 바꾸었다가, 서술어를 다양하게 적용해보며 좋은 문장을 만드는 연습을 해야 합니다.

어린이 글짓기라고 해서 문장이 틀리거나 조잡하면 메시지를 전달하는 힘이 급격하게 떨어져 좋은 글이 될 수 없어요.

좋은 글은 말하듯 자연스럽게 쓴 글입니다. 글 쓰듯 글을 쓰지 말고, 말하듯 글을 쓰는 것입니다.

글쓰기를 위한 가장 첫 번째 조건은 많은 책을 읽고 자신의 생각을 발표해보는 것입니다. 좋은 문장을 많이 보고 다양한 어휘를 말함으로써 입에 익도록 한 후 직접 써보면서 자신의 것으로 만들어야 하지요. 그래서 1일 1독서는 글쓰기 능력 향상에도 아주 큰 도움이 되는 것이랍니다.

글쓰기의 비법은 다양한 독서를 통해 많은 지식과 정보를 머리에 가득 넣어 생각이 철철 넘칠 때 저절로 좋은 글로 쏟아져 나오는 것입니다.

지우도 1일 1독서 후 학교에서 일기상이나 글짓기 상을 수상하는 경우가 부쩍 늘었답니다.

"지우야, 혹시 글을 쓸 일이 생기면 어려워 말고 그냥 말하듯 편하게 써!"

이게 제가 지우에게 주는 조언의 전부입니다. 지우는 요즘 전국 글쓰기 공모전에 도전해보겠다는 의지를 불태우고 있습니다.

1일 1독서의 힘 5

새로운 도전 과제를 제안해보세요. 책 읽기가 완전히 습관이 되었다면 이제는 자신의 생각을 글로 써보는 거예요. 글쓰기, 1일 1독서의 완성이라고 할 수 있습니다.

Tip

글쓰기를 잘하는 방법

글쓰기를 잘하기 위해서는 1일 1독서가 기본 중에 기본입니다. 다양한 책을 많이 읽어야 주제에 맞는 글쓰기를 잘할 수 있기 때문이지요.

최고의 글쓰기 방법 1

어떤 주제의 글쓰기인지를 먼저 파악한다.

최고의 글쓰기 방법 2

어떤 형식으로 글을 쓸 것인지를 정한다. 설명문이나, 이야기식, 대화체 등의 형식을 선택할 수 있다.

최고의 글쓰기 방법 3

구체적인 정보를 취합해서 정리한다.

최고의 글쓰기 방법 4

경험담이나 행동의 변화, 잘못 알고 있었던 것을 바로 알게 되는 과정, 달라진 생각 등을 주제에 결합해서 글을 쓸 내용을 정리한다.

최고의 글쓰기 방법 5

정확한 문장으로 쓴다.

어린이 대상 주요 전국 글짓기 공모전

물사랑 공모전

K–WATER | 글짓기 | 9~10월 | 대상 100만 원

전국 청소년 저작권 글짓기 대회

문화체육관광부, 한국저작권위원회 | 글짓기 | 8월 | 대상 대통령상 1명 상장 및 장학금 100만 원 등

국민연금 청소년 문예공모전

국민연금공단 | 수필, 논술, 만화 | 9월(초4 이상) | 대상 보건복지부 장관상 및 200만 원

KOICA 글짓기 공모전

KOICA(한국국제협력단) | 6~7월 | 산문(초6) | 대상 60만 원, 해외협력현장사업 견학

산림문화작품공모전

산림조합중앙회, 산림청 | 그림, 글짓기 | 7~9월 | 장관상 및 50만 원

전국학생 세금 문예 작품 공모전

국세청 | 문예 | 3~5월 | 국세청장 표창, 1등 50만 원

에너지절약작품 현상공모전

산업자원부 | 포스터, 만화 등 | 5~6월 | 산업자원부 장관상 및 50만 원

전국 초등학생 대상 금연글짓기 공모전

한국건강관리협회 | 글짓기 | 3~4월 | 대상 장관상 및 50만 원

보훈문예작품 현상공모전

국가보훈처 | 표어, 시, 수필 | 2~4월 | 표어 20만 원, 시와 수필 각각 30만 원

예스24 어린이 독후감 대회

예스24 | 독후감 | 8~9월 | 대상 50만 원 및 국립어린이청소년도서관장상

인권작품공모전

국가인권위원회 | 에세이 | 8~9월 | 대상 20만 원 및 상장

전국 초중학생 발명글짓기 공모전

한국발명진흥회 | 글짓기. 만화 | 10월 | 상장, 메달, 장학금 50만 원, 창의캠프

참가지원

국제 지구사랑 작품공모전

환경실천연합회 | 글짓기, 시, 표어, 그림, 포스터 | 4월 | 대상 상장 및 200만 원

전국어린이 글짓기 작품 공모전

한국글짓기지도회 | 글짓기 | 9월 | 대상 상장 및 트로피

어린이 그림 & 글짓기 공모전

병무청 | 글짓기, 그림 | 5월 | 국방부장관상 및 50만 원

한국글로벌피시재단 통일글짓기 공모전

5~6월 | 통일부장관상

*자세한 작품 모집요강은 주최사 홈페이지를 찾아 참조바라며, 위 내용은 주최사 사정에 따라 변경될 수 있음.

4장

1일 1독서 프로젝트의
윤활유

스스로 놀라운 기적을
직접 보게 한다면?

1일 1독서 프로젝트! 이제 어느 정도 전체 그림이 그려지나요? 아마 지금까지 이 책을 읽은 분이라면 이젠 어렵지 않게 머릿속에 책을 읽고 발표하는 자녀의 모습을 구체적으로 상상해볼 수 있을 것입니다.

매일 한 권의 책을 우리 아이에게 읽히는 게 굉장히 어렵고 힘든 일이라 생각했지만 이쯤 되고 보니 그리 어렵지만은 않은 도전이란 생각도 들 것입니다.

사실 1일 1독서가 매일매일 해야 하는 숙제라고 생각하면 얼마나 힘들겠어요? 부모님의 잔소리 때문에 어쩔 수 없이 읽는다면 그건 정말 행복하지 않을 것입니다.

대신 스스로 하고 싶고, 재미있다고 느끼고, 즐기면서 책 읽기를 할 수 있다면 얼마나 좋을까요? 그 방법을 찾기 위한 아이디어가 바로 1일 1독서 프로젝트의 다양한 규칙이라고 생각합니다. 재미있는 규칙과 함께한다면 책 읽는 게 그렇게 힘든 건 절대 아니라고 생각합니다.

학교 공부를 잘하면 선생님의 칭찬과 상장이 기다리고 있고, 심부름을 잘했을 때는 용돈이 기다리기도 하고, 각종 공모전에 작품을 출품해 수상하면 어마어마한 시상금을 받을 수도 있습니다.

책 읽기도 마찬가지예요. 다양한 규칙을 마련하여 성공할 때마다 이벤트나 상금, 특전을 주는 장치가 필요합니다. 책을 읽는 시간을 할애하는 노력 뒤에 지식의 즐거움, 다양한 혜택을 받을 수 있는 장치가 있다면 더 신나게 스스로 독서를 할 수 있을 것입니다.

1일 1독서 프로젝트가 잘 진행되기 위해서는 다양한 윤활유가 필요하지요. 기계나 로봇이 잘 작동하기 위해서 관절마다 부드럽게 만들어줄 수 있는 윤활유가 필요하잖아요. 1일 1독서 프로젝트의 가장 좋은 윤활유는 바로 이것이라고 생각합니다.

"스스로 놀라운 기적을 직접 보게 하라."

1일 1독서를 하면서 책을 읽은 후 발표를 하고 독서 책장을 관리하는 과정을 통해 매일매일 자신이 성공한 기적을 만나는 시간이지요.

스스로 불가능하다고 생각했던 것이 현실로 실현되는 걸 두 눈으로 지켜보는 것만큼 훌륭한 가르침이 또 있을까요?

책 읽기는 모래사장에서 모래성을 쌓는 게 아니지요. 우리가 쌓은 공든 탑이 파도에 흔적도 없게 사라지는 게 아니랍니다.

처음에 벽돌이 한 장씩 모여 한 층을 이루어 튼튼한 바닥을 만든 후 한 층 한층 쌓아가다 보면 어느새 키 높이까지 탑이 쌓이는 것입니다. 책을 한 권 읽고 쌓아가는 것뿐인데 어느새 100권의 탑이 쌓이게 되고, 200권의 탑이 쌓이게 되는 것이지요. 우리는 그 신나는 공동 작업을 함께 해 온 것입니다.

"기적은 또 다른 기적을 불러온다."

100권은 200권의 기적을 불러들이고, 200권은 500권을 불러들이며, 500권은 1,000권의 독서를 불러들이게 된다는 걸 알게 되었답니다.

놀라운 기적이란 게 사실 별거 아닙니다. 멋진 상상력과 꿈에서 시작한 오늘의 작은 실천이 모이면 놀라운 기적이 되는 것입니다. 그건 누군가 가르쳐주는 것이 아니라 스스로 발견하는 소중한 경험입니다.

1일 1독서 프로젝트에 '스스로 1일 1독서 책장 관리하기'는 우리가 읽

는 책이 그저 파도에 쓸려가는 모래성이 아니라 지식과 생각을 풍성하게
하는 도서관을 채우는, 눈으로 볼 수 있는 기적임을 깨닫게 합니다. '스
스로 1일 1독서 책장 관리하기'가 1일 1독서 프로젝트의 중요한 윤활유
인 셈이지요.

놀라운 변화를
칭찬하세요

"와우, 정말 대단한데?"

1일 1독서 프로젝트가 진행되면서 제가 지우에게 한 칭찬은 1일 1독서를 시작하기 이전보다 10배는 늘어났습니다. 제가 지우를 칭찬하는 경우를 볼까요?

- 아주 두꺼운 책을 도전할 때
- 다소 어려울 수 있는 내용의 책을 선택했을 때
- 정말 멋지게 발표를 했을 때
- 50권, 100권 등의 목표를 달성했을 때
- 삼국지 시리즈나 역사 시리즈 책을 완독했을 때

- 아주 바쁜 날이었지만 가장 먼저 1일 1독서를 끝냈을 때
- 책을 읽고 아주 좋은 생각이나 아이디어를 제시하거나 토론을 훌륭하게 끝냈을 때
- 학교에서 발표를 잘했다고 자랑할 때
- 글짓기 상을 받았을 때

이럴 때마다 저는 지우에게 칭찬을 아끼지 않았습니다. 1일 1독서는 마치 칭찬을 연료로 먹는 자동차와 같아요.

'칭찬은 고래도 춤추게 한다'는 말도 있잖아요?

혹시 '로젠탈(Rosenthal) 효과'에 대해 들어본 적이 있나요? 로젠탈은 미국의 사회심리학자 이름입니다. 로젠탈은 실험을 통해 "사람들은 누군가의 기대나 믿음을 받으면 현실에서도 그대로 이루어지게 된다"고 주장했는데, 이걸 바로 로젠탈 효과라고 합니다. 쉽게 말하면 다른 사람이 믿어주고 칭찬해주면 정말 그렇게 되거나 더 잘하게 된다는 거지요.

하지만 칭찬하는 방법도 중요합니다.

저는 아이를 칭찬할 때는 가급적 '똑똑하다'는 말보다는 노력과 과정을 칭찬하려고 합니다. 그 이유는 내가 콜럼비아대학교 캐롤 드웩 교수의 실험 이야기를 들은 적이 있기 때문입니다.

드웩 교수는 자신의 연구 팀과 함께 초등학교 5학년 500명을 대상으로 칭찬에 대한 실험을 해보았습니다. 학생들에게 간단한 퍼즐 문제를

풀게 한 후 점수에 따라 학생을 두 집단으로 나눠 기분 좋은 칭찬을 했지요.

한 그룹 아이들에게는 "머리가 좋아서 문제를 잘 풀었구나"라며 지능지수를 칭찬했고, 다른 그룹 아이들에게는 "정말 열심히 노력했구나!"라고 노력과 과정을 칭찬했어요.

그런 후 두 그룹의 아이들에게 이번에는 어려운 문제와 쉬운 문제 중 하나를 선택하라고 했어요. 그랬더니 결과가 사뭇 달랐답니다.

지능지수를 칭찬받은 아이들은 대부분 쉬운 문제를, 노력과 과정을 칭찬받은 아이들은 어려운 문제를 선택했습니다. 노력이 중요하다는 걸 칭찬받은 아이들이 훨씬 더 도전적으로 변했다는 사실이 밝혀진 거지요.

드웩 교수는 "지능을 칭찬받은 학생들은 어려운 문제에 도전했다가 실패해서 '영리하다는 주위의 기대'를 저버리게 될까 걱정하기 때문이다."라고 이유를 설명했습니다.

그래서 지우가 새로운 것에 도전하고 성취해냈을 때 하나씩 이루어가는 과정에 대해 좀 더 자주 칭찬하려고 노력했어요.

"매일 유쾌하고 즐겁게 독서하고 발표하는 모습이 너무 대견한데?"

"책의 핵심을 잘 파악해서 전달하는 걸 보니 이젠 정말 발표를 너무 잘하는 것 같아."

"이제 1일 1독서 책장이 가득 채워져 가네. 정말 사람은 도전하면 되는구나!"

"너의 생각이 참 기발한데! 하지만 다른 시각으로 보려는 노력도 꼭 필요하단다."

"우와! 아빠도 몰랐던 사실인데, 그런 중요한 의미가 있었구나!"

1일 1독서는 머리가 좋아야 할 수 있는 것도 아니고, 학교 공부를 잘해야 할 수 있는 것도 아닙니다. 또 책을 많이 읽는다고 당장 학교 공부를 잘하게 되는 것도 아닙니다. 그저 독서하는 과정을 통해 아이가 꿈꾸고 도전하고 꼭 이루고 말 거란 자신감만 있으면 되지요.

칭찬은 아이의 '자신감'을 키우는 데 아주 매력적인 도구입니다. 마음에서 우러나오는 칭찬은 우리 아이들에게 '용기'가 되지요! 누군가에게 자신이 한 일을 인정받고 서로 교감할 수 있다는 건 큰 행복감을 느끼도록 하기 때문입니다. 서로 마음으로 통하는 칭찬은 기쁨이 두 배가 되지요.

물론 지우의 경우 늘 자신감이 없었기 때문에 일부러 칭찬을 많이 해 주어야겠다는 생각도 있었습니다. 하지만 1일 1독서는 자연스럽게 칭찬을 부르는 마술피리 같았어요. 1일 1독서 프로젝트가 진행되는 동안 앞으로도 저는 놀라운 지우의 변화를 계속 칭찬할 생각입니다. 그리고 우리 사이에는 늘 마술피리의 노래 소리가 흐를 것이라고 기대합니다.

지금까지
몇 권 읽었니?

"지금까지 몇 권 읽었어? 한 번 세보렴!"

저는 한 달에 한두 번 정도 지우에게 이렇게 묻곤 한답니다.

지금까지 총 몇 권을 읽었는지, 앞으로 몇 권을 읽으면 상금과 상장을 받을 수 있는지, 지난 파티 이후 이제 몇 권을 읽었는지…….

그럼 지우는 자신이 정리하는 책장으로 달려가 1일 1독서와 관련된 '숫자'를 확인합니다.

우리가 이렇게 가끔 숫자를 확인하는 이유는 숫자가 1일 1독서에 매우 훌륭한 윤활유라는 사실을 알기 때문입니다. 숫자가 무슨 윤활유가 되냐고요?

그 이야기를 하기 전에 먼저 책 한 권을 소개할게요. 《비즈니스 숫자

심리학》(와다 히데끼 지음, 국일미디어)이란 책에 숫자의 힘에 대해 소개돼 있습니다. 이 책을 쓴 저자는 심리학을 비즈니스에 응용하는 싱크탱크 대표를 역임하고 있는 의사 출신의 비즈니스 심리학자입니다.

책에서 저자는 숫자로 생각하기, 숫자를 이용하고 활용하는 기술을 익히자고 말하고 있습니다. 예를 들어 "이것이 저것보다 크다"라고 이야기하면 잘 와 닿지가 않지요? 대신 "이것이 저것보다 3배 더 크다"라고 하면 훨씬 분명해지지요.

"열심히 했기 때문에 이제 얼마 남지 않았어"라고 말하기보다는 "열심히 했기 때문에 전체 100개 중 92개를 했고 현재 8개가 남았어"라는 표현이 더욱 명확합니다.

생각해보면 숫자는 우리의 머릿속에 훨씬 구체적인 정보를 줄 수 있어요. 어디 한번 실험해볼까요? 다음 문장들을 한번 보세요.

어느 정도 모였어.
숙제가 너무 많아요.
조금 있다가 할게요.
자주 전화해.
열심히 문제를 풀게.
내일까지 해줘.
시간이 좀 걸릴 거야.

이 문장들은 의미는 이해가 되지만, 사실은 정확하게 어느 정도를 의미하는지는 명확하지 않잖아요. 이런 문장들을 다음과 같이 숫자가 있는 문장으로 고쳐보면 어떨까요?

어느 정도 모였어.	▶▶ 학교 강당에 20명 정도의 초등학생이 모였어.
숙제가 너무 많아요.	▶▶ 3일을 꼬박 밤새워 해도 못 할 만큼 숙제가 많아요.
조금 있다가 할게요.	▶▶ 5분만 있다가 시작할게요.
자주 전화해.	▶▶ 한 달에 10번 이상 전화해줘.
열심히 문제를 풀게.	▶▶ 하루에 10쪽씩 매일 문제를 풀게.
내일까지 해줘.	▶▶ 내일 오후 2시까지 해줘.
시간이 좀 걸릴 거야.	▶▶ 3일 후면 될 거야.

자, 어떤가요? 숫자로 표현하니 머릿속에 훨씬 더 선명하게 그려지지요? 숫자로 생각하고, 숫자를 보고, 숫자를 이용하는 건 '또 하나의 세상'인 '명확성의 세계'를 보는 데 아주 큰 도움이 된답니다.

1일 1독서라는 책 읽기 프로젝트에는 의외로 수많은 숫자가 등장하고 있어요. '1일 1독서'라는 말도 구체적인 숫자지요.

100권, 200권, 300권, 400권, 500권의 목표도 숫자입니다.

상금 20만 원도 머릿속에 명확해지는 달콤한 숫자죠.

1일 1독서 책장에는 100권 단위별 칸막이로 구분이 돼 있어 독서 진행상황을 쉽게 파악할 수 있답니다.

그리고 오늘 읽고 있는 책이 1일 1독서의 몇 권째 책인지 지우는 정확히 알고 있지요. 여기에 지금까지 읽었던 책은 몇 권인지, 앞으로 몇 권을 더 읽으면 400권 목표 달성 파티를 열 수 있는지 알고 있습니다.

"오늘 발표하는 책은 1일 1독서 몇 권째야?"

"302권째예요."

"오, 이제 350권 달성이 얼마 안 남았네."

"370권이에요."

"와, 벌써? 얼마 안 있으면 400권째 되는 거네? 파티 준비를 해야겠네."

이렇게 숫자는 지우에게 끊임없이 작은 목표와 성과, 큰 목표와 도전과제를 명확하게 보여줍니다. 출발지에서 이만큼 왔다는 걸 숫자로 알려주고 목적지가 있는 곳을 선명하게 보여주는 유용한 내비게이션인 셈이지요. 지우 머릿속에 명확하게 들어 있는 숫자는 매일매일 1일 1독서를 진행하는 데 아주 좋은 동기부여가 된다고 생각해요.

숫자의 힘을 한 번 믿어보세요!

책을 읽고 얻은 지식을 나누는 매력을 느끼게 해주세요!

어느 날 우리 아이가 선생님이 돼 있다고 상상해보세요.

교실에 많은 학생이 앉아 있어요. 그런데 학생들이 전부 낯익은 얼굴들이에요. 내 얼굴, 엄마 얼굴, 담임선생님, 교장선생님……. 어, 내가 학생이고 우리 아이가 뭔가를 가르치고 있잖아!

사람들은 누구나 한 번쯤 나 자신도 멋진 선생님이 돼 보고 싶다는 생각을 해요. 우리 아이들도 마찬가지일 거예요.

다른 사람에게 뭔가를 알려준다는 건 정말 신나는 일이지요.

"지우 선생님, 오늘도 멋진 걸 가르쳐주세요!"

1일 1독서의 발표를 시작하기 전, 제가 가끔 지우한테 늘어놓는 애교 섞인 멘트입니다. 그럴 때면 지우는 정말로 선생님이 된 양, "그래, 오늘은 뭘 가르쳐줄까?"라고 한답니다.

제가 전혀 알지 못하는 책의 내용을 지우가 발표하려는 순간, 저는 교실의 학생이고 지우는 선생님이 되는 셈이지요.

저는 학생이 선생님 대하는 말투로 공손하게 말한답니다.

"선생님, 책에 나온 내용 중에서 내가 모를 것 같은 걸 많이 가르쳐주세요."

이렇게 말하면 지우는 더 한층 의기양양해져 우쭐해지는 표정으로 변하지요.

"그래! 오늘 내가 읽은 책 중에 아빠가 절대 모르는 내용이 많을걸. 그것들을 내가 하나씩 가르쳐줄게요."

은근히 말투까지 선생님처럼 근엄해지는 거예요.

책을 많이 읽으면 그동안 몰랐던 많은 지식과 정보를 알게 됩니다. 지식과 정보가 많으면 누구나 선생님이 될 수 있어요.

초등학생이어도, 나이가 어려도 상관없어요. 공부나 운동을 못 해도 돼요. 다른 사람들이 몰랐던 정보를 알려주거나 다른 사람에게 도움이 되는 지식을 알려줄 수 있다면 누구나 스승이 되는 거지요.

그러나 진짜 중요한 비밀이 하나 더 있습니다. 아이가 선생님이 돼 보는 것은 아주 중요한 사실을 깨닫게 해준답니다. 그건 바로 '지식 나눔의 기쁨'을 아는 거예요.

책을 통해 얻은 지식이나 정보는 우리 뇌 도서관에 들어와 있잖아요? 그런데 그걸 꺼내 다른 사람들에게 나눠주면 어떤 일이 벌어질까요?

희한하게도 아무리 내 지식을 많이 자주 남에게 나누어 주어도 결코 우리 뇌 도서관은 비지 않는다는 사실입니다. 오히려 지식과 정보를 나누어줄수록 신기하게 우리 뇌 도서관은 더 차곡차곡 정리정돈이 되고, 더 풍성해지는 공간으로 변하는 거예요.

지식의 나눔은 나눌수록 커지는 특징이 있답니다. 우리 뇌 도서관에 저장되어 있는 지식도 나눠줄수록 점점 더 풍요로워지는 것입니다.

1일 1독서의 발표는 지식과 지혜를 나눠주는 시간입니다. 책을 읽고 얻은 지식을 나누는 일이 얼마나 매력적인지 아이 스스로 느낄 수 있는 소중한 시간이기도 합니다.

제가 자주 지우에게 "좋은 지식을 나눠주세요"라고 외치는 건 지우가 지식 나눔의 기쁨을 생각하길 바라는 마음과 1일 1독서에 좋은 윤활유라는 생각이 함께 있기 때문이지요.

'왜?'라는 위대한 질문

우리나라 대기업 중 하나인 현대그룹의 정주영 회장에 대한 일화를 하나 소개할까 합니다. 어려운 문제에 부딪혔을 때 어떻게 생각하는지에 대한 이야기입니다. 한번 들어보실래요?

1952년 12월 미국의 아이젠하워 대통령이 우리나라를 방문할 때였어요. 방한 일정 중에 부산 대연동에 있는 유엔군 묘지를 방문하게 되었지요. 그에 맞춰 미군은 묘지를 새롭게 단장하기로 했습니다.

미군이 요구한 것은 묘지가 푸른색의 잔디로 뒤덮였으면 좋겠다는 거였습니다. 그런데 그때는 한겨울이었죠. 겨울에 잔디라니······.

그런데 그때 현대건설의 사장이었던 정주영은 미군 장교를 찾아가 이렇게 물어보았습니다. "왜 묘지에 잔디를 깔아야 하는 거죠?" 그러자 장교는 "대통령이 묘지를 바라볼 때 황량하고 썰렁해 보이는 것보다는 푸른색으로 보이는 게 더 좋을 것 같아서입니다." 그러자 정주영 사장은 다시 이렇게 물어보았죠. "그럼 꼭 잔디가 아니어도 되지 않을까요? 파란 풀로 뒤덮여 있으면 되는 거 아닌가요?" 미군 장교는 그렇다고 얘기했죠.

정주영 사장은 겨울에 자라는 풀이 뭐가 있을까 생각했죠. 그러다 낙동강변에 새파랗게 자란 보리밭을 보게 되었습니다. '아하! 저거다!'라고 생각한 정주영 사장은 보리밭을 사들인 후 그 보리를 묘지에 옮겨 심었고, 단 5일 만에 녹색바다로 만들었죠.

아이젠하워 대통령은 흡족한 마음으로 유엔군 묘지를 방문하여 헌화하고 돌아갔습니다. 그 풀들이 잔디인지 보리인지 알지 못한 채요. 미군은 결과에 아주 만족해했고, 원래의 공사비보다 3배나 많은 금액을 주었다고 합니다.

이 일화에서 저에게 가장 큰 의미가 된 것은 바로 "왜 묘지에 잔디를 깔려고 하느냐?"를 묻는 '왜?'라는 질문이었습니다.

정주영은 '왜?'라는 생각을 함으로써 새로운 정보를 얻었고, 그 새로운 정보들을 모아 기발한 아이디어를 떠올리게 된 거예요.

'왜?' 하고 묻거나 생각하는 순간, 보이지 않았던 숨은 정보들이 고개를 내밀고 응답합니다. 우린 그걸 알게 됨으로써 좀 더 좋은 생각을 할 수 있게 되지요. 정주영 회장 이야기의 교훈을 간단한 대화체로 다시 풀어 생각해볼까요?

두 가지 생각 방법은 그야말로 하늘과 땅 차이의 결과를 가져왔습니다. '다른 시각의 생각법칙'은 그저 '왜 그럴까?'를 한 번 더 질문한 것뿐인데 말이지요.

▶ 고정관념 생각법칙

- 한겨울에 잔디 깔아줘!
- 한겨울에 잔디가 어디 있습니까? 저희는 못 합니다.
- 그럼 할 수 없지, 가봐!

▶ 다른 시각의 생각법칙

- 한겨울에 잔디 깔아줘!
- 왜 한겨울에 잔디를 깔려고 하나요?
- 비록 겨울이지만 대통령에게 황량하지 않는 푸른 묘지를 보여드리고 싶어서!
- 그럼 황량하지 않도록 푸른 묘지를 조성하기만 하면 되는 거죠?
- 에! 그렇지.
- 겨울에도 푸른 보리 싹으로 띠를 입히면 간단하네!

우리는 '왜?'라는 질문을 통해 더 심오하고 더 중요한 문제에 접근할 수 있습니다. '왜?'라는 질문을 던지면 숨어 있던 정보가 얼굴을 내밀고 상대가 꼭꼭 숨겨두었던 의도를 알아낼 수 있지요. 숨어 있는 많은 정보를 알수록 당연히 더 좋은 아이디어를 낼 수 있겠지요.

우리의 1일 1독서 발표시간에도 자주 '왜?'라는 질문이 등장한답니다.

- 왜 그 주인공은 그런 선택을 할 수밖에 없었을까?
- 이건 왜 이렇게 되는 거지?
- 왜 그렇게 생각했지?
- 왜 그걸 요구한 걸까?
- 그렇게 해야 하는 특별한 이유가 있었을까?

우리는 '왜?'라고 묻고 가만히 책이나 주인공의 답을 기다려 봅니다. 그러면 비로소 우리는 보이지 않는 세상의 실체와 정보를 이끌어내어 좀 더 많은 정보를 가지고 훨씬 더 똑똑한 생각을 하게 되지요.

지우 역시 '왜?'라는 질문을 받을 때마다 생각의 에너지를 사용하는 것 같았어요.

"잠깐만요, 저 같으면 이렇게 했을 텐데요."

지우는 관련 부분의 책장을 다시 찾아 살펴보면서 생각을 모으곤 하지요. 그런 과정을 통해 1일 1독서의 깊이가 더해진다고 봅니다!

발표시간, 적절한 타이밍에 늘 '왜?'라는 질문을 아이에게 던져보세요. 그리고 질문을 던지는 순간 아이들은 언제나 예외 없이 아주 멋진 해답을 내놓는다는 사실을 꼭 믿길 바랍니다.

토론하는
창의적인 아이로 변해요

자녀가 창의적인 아이라고 생각하시나요?

우리 세상은 점점 더 창의적인 사람을 원하고 있습니다.

앞으로 컴퓨터와 인터넷의 역할은 점점 더 늘어날 것입니다. 그만큼 교육, 의료, 행정, 서비스 등 거의 모든 분야에서 사람이 할 일은 줄어들 것입니다.

앞으로 10년, 20년, 100년 후, 창의성의 시대가 무르익어갈수록 세상은 인간에게 오직 한 가지의 요구로만 좁혀질 것입니다.

"인간님, 지금 이 순간 가장 창의적인 판단을 내려주십시오."

싫든 좋든 받아들이든 받아들이고 싶지 않든지 간에 창의성이 인간의 가치를 평가하는 시간 속에서 우리는 살아가게 될 것입니다.

이제 얼마나 많은 정보나 지식을 우리 머릿속에 기억하느냐는 중요하지 않습니다. 닫힌 암기력보다 열린 정보 소통과 새로운 조합 능력이 훨씬 중요하게 요구되고 있기 때문이지요.

넘쳐나는 정보와 지식 중 중요한 포인트와 핵심 메시지를 어떻게 발췌하고 조합하여 남과 다른 새로운 관점, 남과 다른 생각, 남과 다른 아이디어를 제시할 수 있느냐가 점점 중요해지고 있습니다.

앞으로 우리 아이들이 헤쳐나갈 세상, 우리 아이들이 경쟁해나갈 세상에서 아이들은 생존을 위해 남들이 보지 못하는 문제를 발견하고 해석하고 정의하고 새로운 생각을 해내야 합니다.

컴퓨터와 인터넷, 또는 그 무엇이 절대 우리 아이들을 대신할 수 없게 만들어야 합니다. 그러기 위해선 우리 아이들이 창의적인 사고를 할 수 있도록 부모로서 지원하고 도와주어야겠지요.

그렇다면 어떻게 해야 우리 아이들의 창의성을 기를 수 있을까요?

앞에서 소개했던 '왜?'라는 질문도 아주 좋은 창의성 기르기의 도구일 거예요. 그리고 또 하나의 멋진 도구가 하나 더 있는데, 바로 '토론'입니다.

토론이라고 하면 왠지 무겁고 어려워 보이지만, 사실은 굉장히 쉽습니다. 서로 다른 생각을 나누는 게 토론이니까요.

내 생각과 다른 사람들의 생각, 내 아이디어와 다른 사람들의 아이디어, 내가 가지고 있는 정보와 다른 사람이 가지고 있는 지식, 우리가 가진 능력과 자연이 가진 능력을 이해하고 서로 조화를 이뤄내는 과정이 바로 토론이라고 생각합니다.

이쯤에서 꼭 기억해야 할 것이 있습니다.

'왜'라는 질문이나 '토론'은 바로 '나' 중심의 생각을 버리고 '우리 함께'의 생각을 선택해야 한다는 점입니다.

함께하는 마음은 폭넓은 독서와 발표, 토론의 과정을 통해 가질 수 있습니다.

1일 1독서 프로젝트는 매일매일 책을 읽으면서 새로운 지식을 파악하고 핵심적인 메시지를 요약 정리한 후 우리의 생각과 결합시켜 뇌 도서관에 저장하는 것입니다. 이때 토론은 다른 사람의 생각, 다른 환경, 다른 관점에서 세상을 볼 수 있도록 돕지요. 더 다양한 관점으로 확장할 수 있는 기회가 된다는 의미입니다.

책을 통해 얻은 다양한 지식과 정보를 필요할 때마다 뇌 도서관에서 꺼내 발표하고 토론하면서 다른 사람들의 생각이나 관점과 결합해 새롭게 조합하여 창의적인 아이디어나 해결책을 내놓을 수 있는 것입니다.

이 우주만물의 전체가 서로 연결돼 정보를 나누고 서로 반응하고 서로 이해할 수 있을 때 가장 좋은 영감이 나오는 것입니다. 전 그것이 바로 창의성의 진정한 비밀이라고 생각합니다.

그런 비밀을 알고 있는 창의적인 사람들은 대부분 다음과 같은 '공통점'이 있다는 걸 발견하게 되었어요.

창의적인 사람들의 공통점

- 열린 마음을 가지고 있다.
- 외부와 끊임없이 교감한다.
- 어떤 이유든 자신과 다르거나 약하다고 왕따 시키거나 차별하지 않는다.
- 누구나 평등하다고 믿는다.
- 새로운 무대를 세팅하려는 마인드가 기본적으로 깔려 있기 때문에 진보적이다.
- 길 옆 잡초 하나, 돌멩이 하나 등 모든 존재에 대해 존엄의 가치를 부여한다.
- 일방적이지 않고 열린 소통을 한다.
- 말하기보다 듣는다.

- 가르치려 하기보다 배우려 한다.
- 고정관념을 탈피한다.
- 작은 것을 소중하게 여긴다.
- 변화하는 환경에 예민하게 반응한다.
- 사랑할 줄 안다.
- 연대, 공유, 팀의 정신을 가지고 있다.
- 늘 새로운 것을 발견한다.
- 우연성 속의 필연성을 믿는다.
- 사고가 유연하다.

우리 아이 마음속에 이런 생각을 갖게 하고 싶습니다. 이 창의적인 사람들의 공통적인 핵심 능력은 바로 우리 인간이 모두 소중한 '한 팀'이라는 것을 안다는 것이죠.

이런 마음을 가진 아이라면 누구보다 더 창의적이고 늘 새로운 걸 창조할 수 있다고 믿습니다. 왜냐하면 이런 아이야말로 보다 다양한 관점과 폭넓은 시야로 세상의 전체를 볼 수 있기 때문이지요.

아이들이 1일 1독서를 하면서 지식과 정보를 정리하고 발표하고 의문을 품고 다양한 관점과 생각으로 토론을 하면서 조금씩 창의적인 아이로 성장하게 됩니다.

1일 1독서를 한다는 건 우리 아이들이 미래에 멋진 창의성을 잘 발휘하기 위해 지금부터 매일 좋은 연료를 채우는 것과 같다는 사실을 꼭 기억했으면 합니다.

아이의 1일 1독서를 지속시킬 수 있는 방법

1일 1독서는 시작하는 것도 중요하지만 계속해서 꾸준히 지속해나갈 수 있도록 격려해주는 것도 중요해요. 그럼 어떻게 하면 매일매일 꾸준히 지겹지 않게 책 읽기를 계속해나갈 수 있을까요?

1. 1일 1독서는 숙제가 아니에요. 아이가 열심히 책 읽기에 도전할 수 있도록 적당한 보상과 격려가 필요하답니다. 그리고 매일 읽은 책을 스스로 관리하도록 해보세요. '스스로 1일 1독서 책장 관리하기'는 뇌 도서관에 지식과 생각을 풍성하게 채우는 중요한 윤활유가 됩니다.

2. 아이의 1일 1독서를 칭찬해주세요. '잘했다'보다는 책 읽기의 노력과 과정에 대해 칭찬해주는 것입니다. 칭찬은 아이의 자신감을 키우는 데 매우 매력적인 도구가 되고, 아이에게는 용기를 북돋워주는 윤활유가 되겠죠?

3. 구체적인 숫자로 매일매일 1일 1독서의 진행 과정을 아이에게 명확하게 보여주세요. 출발지와 목적지가 선명해지면 매일매일 책 읽기를 진행하는 데 훌륭한 동기부여가 될 것입니다.

4. 아이에게 선생님의 역할을 해보도록 하세요. 부모님이 몰랐던 지식이나 정보를 아이에게 가르쳐달라고 하는 것이죠. 그렇게 되면 자신이 얻은 지식을 다른 사람에게 나눠주는 기쁨을 알게 되고, 왜 책을 읽어야 하는지에 대한 분명한 이유가 생길 거예요.

5. 매일매일 책을 읽고 창의적인 생각을 키워주세요. 방법은 간단합니다. 아이에게 '왜?'라는 질문을 던져보는 것입니다. 책을 읽은 아이는 '왜'라는 질문에 아주 멋지고 창의적인 대답을 내놓을 것입니다.

6. 창의적인 아이로 키우기 위한 또 다른 방법은 바로 '토론하기'입니다. 토론은 어렵지 않습니다. 서로의 생각을 나누는 것이라고 생각하면 아주 쉽습니다. 열린 마음으로 서로의 의견이나 생각을 나누다 보면 생각의 크기가 쑥쑥 커질 뿐만 아니라, '나' 중심의 사고에서 벗어나 '우리 함께'라는 생각을 키워줄 수 있습니다.

5장

1일 1독서,
어떤 책을 선택할까?

좋은 책? No!
다양한 책? Yes!

"1일 1독서 도서목록으로 어떤 책이 좋을까?"

1일 1독서에서 책은 당연히 찐빵 속의 '팥소'입니다. 우리가 1일 1독서를 시작하면서 '앞으로 어떤 책을 골라서 읽을까?'에 대한 고민을 정말 많이 할 수밖에 없었습니다.

세상은 넓고 할 일은 많다고 했지만 이 세상에 책은 너무나 많고 안타깝게도 현실적으로 읽을 수 있는 책은 한정돼 있기 때문이지요. 세상의 모든 책을 다 읽을 수는 없으니 최대한 '좋은' 책을 골라야 하는데…….

하지만 우리는 '좋은 책'보다는 '다양한 책'으로 1일 1독서를 해나가기로 했답니다. 사실 좋은 책을 선택하는 것은 그리 쉬운 일은 아니지요.

왜냐하면 좋은 책이란 기준이 모호하니까요. 어느 누구도 이것이 좋은 책이라고 단정 짓기는 어려울 것입니다. 또 누군가에게는 좋지 않은 책도 다른 누군가에게는 좋을 수 있고, 누군가에게는 좋았던 책이 다른 누군가에게는 아무런 의미나 감동을 주지 못할 수도 있는 거 아니겠어요?

그래서 결국 도서목록의 제1원칙은 '다양한 책'으로 정했습니다. 다양한 책에는 소설이나 동화에서부터, 역사, 인물, 경제, 만화, 자기계발, 공모전 수상집, 에세이, 여행기, 수기, 감상문, 교과서 수록 글 등 모든 분야를 골고루 읽는다는 거였어요.

소설에는 삼국지 같은 무협소설은 물론 추리소설, 판타지 소설을 포함시켰고, 어린이 동화들도 많이 목록에 올랐지요. 인물 분야로는 시리즈로 된 오래된 위인전을 비롯해 빌 게이츠나 스티브 잡스 같은 우리 시대 유명인의 책을 읽기도 했답니다.

자기계발 분야 책으로 지우는 《꿈꾸는 다락방》이나 《무지개 원리》, 《꿈을 이루는 습관》, 《시크릿》 같은 책을 읽기도 했고, 경제 분야에서는 《이코노 게임》, 역사는 《한국사 편지 시리즈》, 교과서 분야는 《중학생이 되기 전 꼭 읽어야 할 한국 고전소설》, 《초등학생을 위한 우리 대표 단편》, 《중학생이 보는 홍길동전·별주부전·장끼전》 등을 읽었어요.

현대사를 이해할 수 있는 책들도 다수 목록에 올랐지요. 《김구·전태일·박종철이 들려주는 현대사 이야기》, 《청년 노동자 전태일》, 《마사코의 질문》, 《대륙을 바라보는 섬나라 일본 이야기》 등은 대한민국이 걸어온 최근 역사와 이웃나라 일본에 대해 알 수 있는 책이어서 선정했습니다.

세상에 나쁜 책도 있을까요?

전 나쁜 책은 없다고 생각해요. 그건 우리가 책을 읽고 어떤 생각을 하느냐에 따라 결정되기 때문이지요. 그러니 너무 '좋은 책'만을 찾아 헤매지 않았으면 좋겠어요. 우리가 좋은 독서를 하면 늘 좋은 책을 만나게 되는 것입니다.

다양하게 책을 읽는다는 건 좋은 책을 만날 확률을 높이는 것입니다. 책의 분야는 굉장히 세분화돼 있고, 책마다 중요한 정보들이 우리 뇌 도서관을 풍성하게 채워줄 것입니다. 그 속에 지식과 정보들이 모여 비빔밥처럼 다양한 재료와 양념이 골고루 섞이고 비벼지면 우리에게 필요한 아이디어와 지혜가 나오게 되는 것입니다.

좋은 책? No, 다양한 책? Yes!

우린 앞으로도 다양한 분야의 다양한 책으로 1일 1독서를 채워갈 예정이랍니다.

쉬운 책, 어려운 책,
얇은 책, 두꺼운 책,
번갈아 선택해요

1일 1독서는 매일 밥을 먹는 것과 같습니다. 어제도 맛있는 밥을 먹고 오늘도 내일도 맛있는 밥을 먹어야겠지요? 그런데 학교급식에서 어제도 오늘도 내일도 똑같은 밥에 반찬이 나오면 기분이 어떨까요?

와~ 어제도 고기반찬

와~ 오늘도 고기반찬

와~ 내일도 고기반찬

와~ 모레도 고기반찬

그리고 1년 내내 똑같은 고기반찬만 먹게 된다면 어떨까요? 생각만 해도 입맛이 싹 달아나겠지요? 아이들 입장에서도 금세 질리고 아마 건강에도 그리 좋지 않을 거예요.

책 읽기도 마찬가지라고 생각합니다. 얇은 책, 두꺼운 책, 쉬운 책, 어려운 책, 만화로 된 책, 소설책, 역사책, 위인전, 경영책, 자기계발책, 동화책, 과학책, 철학책……. 이렇게 매일 다른 새로운 분야의 책을 번갈아 가면서 읽는다면 아이들은 훨씬 신선하고 재미있다고 여길 거예요.

그래서 우리의 1일 1독서 도서목록 역시 최대한 다채롭게 정해서 읽고 있습니다. 동화나 소설을 읽은 뒤에는 역사나 과학 책에 도전해보고, 아주 두꺼운 책을 읽은 후에는 한 30분 정도면 읽을 수 있는 책을 선정하기도 했어요.

"오늘은 정말 두껍고 어려운 책을 읽고 발표했으니까 내일은 가볍게 읽을 수 있는 책을 골라도 좋아."

"오늘은 아주 재미있는 소설을 읽었으니까, 내일은 정치에 관한 책을 읽어보자. 오늘은 아빠가 책을 선택하는 날이니까, 《그래서 이런 정치가 생겼대요》라는 책을 선택할게."

이렇게 저와 지우는 번갈아 가면서 내일 읽을 책을 고르고 가급적 다채롭게 책을 정하도록 노력했습니다.

이렇게 골고루 책을 선택해 읽으니까 매일매일 색다른 책을 읽는 느낌이 들었어요. 사실 이런 노력들이 별거 아니지만, 책을 재미있게 읽고 1일 1독서를 꾸준히 실천할 수 있는 작은 아이디어라고 생각합니다. 매일

매일 어려운 책을 읽힐 필요는 없어요. 매일매일 교과서 공부에 도움이 되는 책만 읽게 할 필요도 없고요. 또 매일 소설만 읽는 것도 아이의 뇌 도서관을 풍성하게 채울 수 없습니다.

오늘은 어제와 다르게, 내일은 오늘과 다르게 책 선택하기는 '즐겁게 책 읽기' 위한 비법입니다.

책 읽기에는 편식이 좋지 않다고 생각해요. 다양한 '화음'들이 모여 아름다운 선율을 만들어내듯이 매일매일 다양한 책들이 모여 아주 멋진 아이들의 뇌 도서관을 만든다는 사실을 기억하세요.

새로운 책, 두꺼운 책, 어려운 책에 도전!

우선 책을 몇 권 적어볼게요.

- 성공하는 10대들의 7가지 습관, 숀 코비 글, 김영사
- 앨빈 토플러 청소년 부의 미래, 앨빈 토플러 · 하이디 토플러 글, 청림출판
- 시크릿, 론다 번 글, 살림Biz
- 다빈치가 그린 생각의 연금술, 신동운 글, 스타북스
- 별, 알퐁스 도데 글, 인디북
- 중학생이 보는 홍길동전 · 별주부전 · 장끼전, 허균 외 글, 신원문화사
- 마시멜로 이야기, 호아킴 데 포사다 글, 한국경제신문
- 청소부 밥, 토드 홉킨스 글, 위즈덤하우스
- 위대한 생각의 힘, 제임스 앨런 글, 문예출판사

- 젊은 베르테르의 슬픔, 괴테 지음, 글로북스
- 처음으로 만나는 삼국지 시리즈(1~5), 이현세 그림, 녹색지팡이
- 아프리카에서 온 암소 9마리, 박종하 지음, 다산북스

이 책들의 공통점은 무엇일까요? 눈치 채셨겠지만 모두 중학생 이상 일반인들이 주로 읽는 책들입니다. 지우는 초등학교 4학년, 5학년 때 도전해서 읽고 발표한 도서들입니다.

불과 1일 1독서를 시작할 때 그림 반, 글 반인 어린이 만화문고나 동화 수준의 책을 읽던 지우가 읽고 신나게 발표까지 끝낸 책이지요.

어른들이 읽는 어렵고 두꺼운 책을 읽어야 좋다는 이야기는 절대 아니랍니다. 꾸준히 책을 읽다보면 독서 능력은 저절로 자라고, 새로운 도전은 변화를 몰고 온다는 말을 해주고 싶은 것입니다.

지우 역시 그런 과정을 거쳐 이젠 어른들이 가볍게 읽을 수 있는 책들을 충분히 읽을 수 있게 됐다는 점입니다.

사실 1일 1독서를 처음 시작할 때는 아주 쉬운 책 위주로 읽었답니다. 우리는 모두 욕심을 버렸지요. 매일 한 권씩 읽는 데 전혀 부담 없이 성공할 수 있는 목표를 정했지요. 쉽고 얇고 가볍고 간단하게 읽을 수 있는 책들을 위주로 선정했기 때문에 매일 그 목표를 달성하는 게 어렵지 않았어요. 처음에는 매일 목표를 이루는 게 습관이 되는 데 집중했습니다.

하지만 50권 정도의 책을 읽으면서 '독서의 재미'가 커졌고, 조금씩 다양한 책으로 확장시켜 나갔지요. 분량은 좀 되지만 재미있는 추리소설이나 일반 소설을 목록에 추가하여 글 중심의 책으로 조금씩 이동시키기 시작한 것입니다.

50권에서 100권 정도가 되자, 거의 또래 추천도서들을 무난히 읽을 수 있게 됐습니다. 그래서 학년 추천도서나 초등학교 고학년 도서 리스트를 구성할 수 있었답니다.

하지만 때때로 지우가 도전적인 책 읽기를 시도해보도록 했어요. 다양한 또래 책 리스트를 준비하면서 간간히 저의 책꽂이에 있던 책들을 꺼내 추천해보았지요.

"지우야, 이 책은 어른들이 읽는 책인데 어렵진 않아. 이 책에 한번 도전해볼래?"

"이 책은 중학생이나 고등학생들이 읽는 청소년 교양도서 수준인데 그래도 한번 도전해볼래? 이제 지우 독서 수준이라면 충분히 읽고 발표할 수 있을 거라고 생각하는데?"

그러면서 지우의 마음에 열정을 불러일으켜 보았답니다.

"어때, 도전? 도전?"

그럴 때마다 지우는 조금 망설이긴 했지만, 언제나 "콜, 한번 해볼게요"라며 받아들였답니다. 그리고 그때마다 책을 읽고 멋지게 발표까지 마무리해냈지요.

그렇게 읽었던 책들이 바로 앞에서 소개한 도서들입니다. 300페이지에 이르는 두꺼운 책들도 있었지만 지우가 충분히 이해할 수 있는 내용이라고 판단해서 추천해본 것이고, 지우는 해냈습니다.

이런 두껍고 도전적인 책을 선택해 읽고 발표한 지우는 예상대로 스스로를 아주 자랑스럽게 생각했습니다. 바로 '성취감'이 생겼기 때문이지요.

불가능해 보이고, 어렵다고 느끼고, 청소년들이나 어른들이 읽는 책을 자신이 읽었다는 사실에 지우는 무척 자신감을 가졌답니다.

"지우야, 넌 이제 어떤 책이든 읽고 발표할 수 있어."

지우 스스로 이 사실을 느끼게 되면서 책 선정의 폭이 엄청나게 넓어지게 되었습니다. 지우는 1일 1독서의 100권이 넘어가면서 분야나 두께, 내용의 어려움을 극복하고 다양한 책 읽기가 가능해졌습니다.

1일 1독서에서 어려운 책에 대한 '도전 정신'은 아이에게 새롭고 신선한 에너지를 불러일으킬 수 있습니다. 아이에게 새로운 분야, 두꺼운 책, 어려운 책 등 모두 멋진 도전 대상이 될 수 있습니다.

책을 못 읽었을 때는
가벼운 다른 책으로 바꿔요

"1일 1독서도 사람이 하는 일! 책을 다 읽지 못할 때는 어떻게 하지?"

지우도 간혹 그날 읽을 책을 다 읽지 못할 때가 있었습니다. 요즘에는 가끔 책을 다 못 읽은 날은 솔직히 고백하고 하루를 연장할 때도 있습니다.

그러나 사실 처음 한두 번은 요령을 피우기도 했지요. 책을 다 못 읽어도 다 읽은 것처럼 발표를 하기도 했었죠. 하지만 책의 스토리와 다양한 질문, 그리고 토론을 진행하다 보면 금세 책을 다 읽지 않았다는 사실을 눈치 챌 수 있습니다.

"이 책 다 읽은 거 아니지?"

"어, 어떻게 아셨어요?"

책을 다 읽고 발표를 하는지 알려면, 발표를 들어주는 부모의 역할이 매우 중요하답니다. 책의 지은이, 책의 줄거리, 책 속에서 인상적이었던 내용, 소감, 자신의 생각 등을 꼼꼼히 들어주어야지요.

하지만 무작정 듣기만 하는 건 좋은 방법이 아닙니다. 중간 중간 발표에 맞장구도 쳐주고, 궁금한 건 그때그때 질문도 하고, 이해가 안 되는 건 되묻고, 연결이 안 되는 이야기는 다시 확인하고, 특별한 에피소드에서는 어떤 생각을 했는지 소감을 물어 듣기도 해야 합니다.

1일 1독서의 발표시간은 지우가 일방적으로 책을 소개하는 게 아니라 서로 주거니 받거니 이야기를 나누는 시간입니다.

그러다 보면 지우가 책 내용을 얼마나 잘 이해하고 있는지, 어떤 부분에서 강한 인상을 받았는지, 책을 다 읽고 나서 어떤 생각을 하게 되었는지 알 수 있게 되지요. 당연히 책을 정말 읽었는지도 쉽게 알아챌 수 있습니다.

두어 번 요령을 피우다 딱 걸린 후 지우는 '책을 다 읽지 않고 발표를 하면 아빠에게 딱 걸리는구나'를 스스로 느끼게 됐습니다. 그 이후 '솔직히 책을 다 못 읽었으니 하루만 더 시간을 달라'고 요구하고 있습니다.

살다보면 그날 읽을 책을 다 읽지 못하는 경우도 당연히 생길 거예요. 오늘 읽어야 할 책을 오늘 다 읽지 못했다고 하늘이 무너져 내리거나 엄청난 잘못을 저지른 건 아니잖아요.

그러니 가급적 솔직하게 말하고 독서시간을 좀 더 달라고 하는 게 가장 좋은 방법이라고 알려주면 됩니다.

그렇다면 책을 다 읽지 못했을 경우에는 어떻게 처리를 할까요?

'내일까지 읽기로 하자' 하고 그냥 봐주기로 넘어가야 할까요? 저는 그렇게 하진 않았답니다. 1일 1독서의 원칙과 규칙은 서로 지키라고 있는 것이기 때문이죠.

"이 책은 내일까지 읽고 내일 저녁 발표하기로 하자. 대신 오늘 30분 정도면 읽을 수 있는 이 책을 먼저 읽고 발표를 해. 그럼 오늘 1일 1독서를 완료한 것으로 해줄게."

어제 지정된 1일 1독서를 하지 못했다면 대신 쉽게 읽을 수 있는 다른 책을 골라 오늘 1일 1독서를 대신 완성시키도록 했어요.

하루 정도라면 괜찮겠지? 하는 식으로 절대 봐주지 않았던 건 우리가 진행하는 1일 1독서를 매일 포기하지 않고 도전해나가는 것이 더욱 중요한 목표라는 생각을 갖고 있었기 때문이지요.

'오늘 안 읽으면 내일 그냥 읽으면 되지.'

이런 마음이 자리를 잡는 순간, 1일 1독서 도전은 쉽게 무너질 수 있습니다.

'오늘 이 책을 못 읽으면 컴퓨터를 할 수 없어. 컴퓨터를 하려면 어차피 다른 책을 읽어야 해'

지우는 이런 마음으로 최대한 그날 정해진 책은 그날 꼭꼭 읽으려고 노력하고 있답니다.

　책을 안 읽었을 때는 그냥 넘어가지 말고, 가볍게 읽을 수 있는 책으로 다시 정해 1일 1독서가 끊기지 않게 서로 원칙을 지켜나가는 것이 중요합니다.

추천도서 목록 활용법

"어떤 책을 선택할까요?"

좋은 책, 추천도서, 인기도서 등 골고루 다양한 책 읽기를 목표로 잡긴 했지만, 어떤 책을 선택할지 늘 고민이 된 것도 사실입니다.

지우의 수준에 맞는 책이면서 다소 어렵지만 충분히 도전해볼 수 있는 책, 다양한 측면에서 도움이 될 수 있는 책 등 몇 가지 기준에 가장 잘 어울리는 건 역시 '추천도서'의 도움을 얻는 방법이었어요.

따라서 새로 구매할 책을 정리할 때는 늘 '추천도서' 목록들을 꼼꼼히 챙겼답니다. 인터넷 검색을 통해 다음과 같은 검색을 주로 했지요.

이런 검색을 통해 다양한 추천도서를 살펴보고 1일 1독서 목록을 구성했답니다. 또 추천도서들이 겹치는 경우가 많기 때문에 다양한 추천도

- 5학년 추천도서
- 6학년 추천도서
- 어린이 추천도서
- 어린이 필독도서
- 청소년 추천도서
- 도서관 추천도서
- 협회 추천도서
- 한국간행물윤리위원회 추천도서
- 중학생 추천도서
- 교사 추천도서
- 대한출판문화협회 추천도서
- 초등학교 고학년 추천도서

서 목록을 검색하여 책을 골고루 정리하려고 노력했습니다.

추천도서를 고를 때 고려했던 몇 가지 체크 포인트를 말씀드릴께요.

첫째, 다양한 추천도서 목록에서 중복되는 책을 1순위로 정한다.

둘째, 기존에 읽었던 비슷한 유형의 책은 삼간다.

셋째, 최근 읽었던 도서 분야와 최대한 다른 분야의 책을 선택한다.

넷째, 잘 모르는 책은 다시 한 번 검색하여 내용을 확인한 후 정한다.

다섯째, 좋은 책을 많이 내는 출판사, 작가의 책을 우선 선택한다.

여섯째, 많은 생각거리를 던져줄 수 있는 책을 선택한다.

일곱째, 인간의 존엄성과 가치를 느낄 수 있는 책을 정한다.

이렇게 한 달에 두어 번 1일 1독서의 후보 도서 목록을 선정하면서 어린이 책과 더 자주 만나고 더 친해질 수 있었습니다.

책을 선정하는 건 마치 가족들을 위해 따뜻한 아침밥을 짓는 것과 같습니다. 기분이 좋아지고 행복해지는 시간이지요. 제가 한 요리를 맛있게 먹어주는 아이를 보며 행복을 느끼는 것처럼 제가 찾아 구성한 책 요리 식탁에서 즐겁게 책 읽기를 즐기는 아이를 보며 행복감을 느꼈답니다.

지우가 직접 1일 1독서 책장에서 선택한 어린이 추천도서 40선

01。 나는 시궁쥐였어요, 필립 풀먼 지음, 논장

02。 우리들의 일그러진 영웅, 이문열 지음, 다림

03。 뛰어라, 점프! 하신하 지음, 논장

04。 꿈을 이루는 습관, 고양 지음, 글로세움

05。 나의 라임 오렌지 나무, J. M. 바스콘셀로드 지음, 동녘주니어

06。 만약 사람이 동물처럼 변한다면, 로렌테일러 · 메리앤테일러 지음, 예림당

07。 에밀은 사고뭉치, 아스트리드 린드그랜 지음, 논장

08。 별, 알퐁스 도테 지음, 인디북

09。 탈무드, 비민 토케이어 편저, 다원

10。 피자반장, 원유순 지음, 푸른나무

11. 소나기, 황순원 지음, 다림

12. 어린이를 위한 리더십, 서지원 지음, 위즈덤하우스

13. 로봇과 인공지능, 강이든 지음, What? school

14. 처음으로 만나는 삼국지(1~5), 이현세 그림, 녹색지팡이

15. 찰리와 초콜릿 공장, 로알드 달 지음, 시공주니어

16. 암탉 한 마리, 케이티 스미스 밀웨이 지음, 키다리

17. 가방 들어주는 아이, 고정욱 지음, 사계절

18. 피타고라스 구출작전, 김성수 지음, 주니어김영사

19. 알면 알수록 똑똑해지는 상실플러스, 임정연 지음, 크레용하우스

20. 첫사랑, 이금이 지음, 푸른책들

21. 공부가 되는 그리스로마 신화, 글공작소 지음, 아름다운사람들

22. 시간먹는 시먹깨비, 김바다 지음, 대교북스주니어

23. 탈레스 박사와 수학영재들의 미로게임, 김성수 지음, 주니어김영사

24. 수학귀신, H. 엔첸스베르거 지음, 비룡소

25. 아빠의 지휘봉, 고정욱 지음, 꿈틀

26. 지구를 구하는 경제책, 강수돌 지음, 봄나무

27. 샬롯의 거미줄, 엘윈 브룩스 화이트 지음, 시공주니어

28. 이 세상에 태어나길 참 잘 했다, 박완서 지음, 어린이작가정신

29. 성공하는 10대들의 7가지 습관, 숀 코비 지음, 김영사

30. 잠과 두뇌, 김지현 지음, 삼성출판사

31. 모모, 미하엘 엔데 지음, 비룡소

책을 구하라!
온·오프 중고서점 활용하기

1일 1독서 프로젝트에서 저에게 가장 중요한 임무는 당연히 지우가 열심히 읽을 책을 지속적으로 확보하는 일이었습니다. 책은 마치 전쟁터에 꼭 필요한 총알 같은 거지요.

총알이 다 떨어지면 더 이상 전쟁을 할 수 없잖아요?

언제나 다양한 책들이 준비되어 있어야 매일매일 1일 1독서 프로젝트가 안정적으로 가동이 될 테니까요.

저는 지우의 도전이 멈추지 않도록 책을 확보하는 '보급 대장' 역할을 충실히 했습니다.

'다음 주에는 어떤 책들을 준비할까?'

1일 1독서가 시작된 후 늘 이 생각을 하고 있었죠. 다음 주에 읽을 책을 선택하고 확보하기 위해 어린이 책에 많은 관심을 기울였지요. 사실 이전에 1일 1독서 프로젝트를 하기 전까진 우리 집 책꽂이에는 그냥 책들이 꽂혀 있었을 뿐이었습니다.

하지만 어린이 책에 관심을 갖게 되자 먼저 주변에 지우를 위해 좋은 책이 우리 집에 이미 참 많다는 사실을 발견하게 됐어요. 집의 책장에 꽂혀 있는, 뽀얗게 먼지가 앉아 있던 책들이 새롭게 다가오기 시작했지요.

"내가 그의 이름을 불러주었을 때, 그는 나에게로 와서 꽃이 되었다." 라는 한 시인의 말처럼 책 역시 아무런 존재감 없이 있다가 어린이 책에 관심을 기울이는 순간, 의미 있는 존재로 다가왔지요.

집 안에 있는 어린이 책들이 생각보다 많았습니다. 이전에 살던 사람들이 이사 가면서 놓고 간 책들, 주변 사람들이 선물로 주었던 책들, 다양한 어린이 총서나 시리즈 속에 지우가 읽을 만한 좋은 책을 많이 찾아낼 수 있었어요.

지우가 좀 더 나이가 들고 중학생이 됐다면 아무런 의미 없이 재활용 쓰레기로 버려졌을 책들이 1일 1독서를 통해 다시 태어난 거예요.

물론 어린이 책들만 유심히 살펴본 건 아닙니다. 제 책꽂이에 있던 많은 어른들의 책들 중에 어린이들이 충분히 읽을 수 있는 책들을 골라내기도 하고, 친척집이나 아는 사람들의 집에 굴러다니는 책을 얻어오기도 했답니다.

가끔 서점에 가면 늘 어린이 책 코너에 들려 아이가 읽을 만한 좋은 책들을 골라 구매하고 1일 1독서 목록에 올려놓았지요.

1일 1독서 프로젝트는 책을 빌려 읽고 갖다주기보다는 최대한 책을 읽은 후 책장에서 책 관리를 아이가 직접 관리하도록 했다는 사실 기억하시죠? 사실 책이란 건 읽고 나면 금세 잊어버리는데 읽은 책을 늘 곁에 두고 다시 본다면 책 내용을 반복하여 떠올릴 수 있기 때문에 장기기억으로 넘어가 우리 뇌 도서관에 오래도록 기억되는 효과가 있답니다. 특히 눈으로 우리 뇌 도서관을 직접 확인하는 효과까지 덤으로 얻을 수 있고요.

그래서 저의 경우 좋은 책을 구매해야 하는데 최대한 저렴하게 구매할 수 있는 방법으로 생각해낸 아이디어가 바로 '중고서점 활용하기'였습니다.

우선 온라인 서점의 중고서점 코너를 많이 활용했답니다. 도서 목록이 정리되면 여러 온라인 중고서점에서 저렴하게 책을 구매했어요. 다양한 책들을 절반정도 저렴하게 살 수 있는 비결이었지요. 특히 온라인 서점에서는 가끔 무료배송 이벤트를 열기도 했는데, 그럴 때는 다양한 책들을 살펴보고 좋은 책들을 골라 한꺼번에 주문하기도 했어요. 그러면 시중가격의 30퍼센트 정도에 다양하고 많은 책을 구매할 수 있었습니다.

오프라인 중고서점도 유용하게 활용할 수 있었습니다. 예를 들어 알라딘 중고서점에 방문하기 전 사이트에 방문하여 팔 수 있는 책과 가격, 살 수 있는 책과 가격을 알아볼 수 있었습니다.

다른 서점에서 구매한 새 책이나 알라딘 혹은 다른 중고서점에서 구매한 책도 되팔 수 있지요. 물론 중고서적들을 저렴하게 구입할 수 있으니 도서 목록을 정리하여 구매하면 훨씬 싼 값에 책을 구할 수 있습니다.

주말에 가족들과 함께 가까운 중고서점을 방문해 우리 책도 팔고 좋은 책도 싸게 사는 북 쇼핑도 즐거운 이벤트가 될 것입니다.

1일 1독서!
아빠 묻고 지우 답하다

아빠 1일 1독서를 오랫동안 해오면서 가장 즐거웠을 때는 언제였니?

지우 처음 책을 읽을 때는 그냥 아무 생각 없이 읽었는데 책을 계속 읽다 보니 몰랐던 걸 많이 알게 되더라고요. 그러니까 책이 점점 재미있어지는 거예요. 추리소설같이 흥미진진한 이야기책을 읽을 때는 더 재미있고 즐거웠던 거 같아요.

이 외에 역시 99권째 책을 읽었을 때, 199권째 책을 읽었을 때 가장 설렜어요. 마치 생일 전 날이나 현장 체험학습 가기 전 날 때처럼 아주 다음 날이 기다려지게 되더라고요.

아빠 가장 재미있었던 기억이 있다면?

지우 1일 1독서를 하면서 아주 재미있었던 기억은 아빠에 관한 거예요. 제가 몇 번 책을 절반밖에 못 읽고 발표한 적이 있어요. 그럴 때 정말 귀신같이 아빠는 제가 책을 다 읽지 못했다는 걸 알아내시더라고요, 마치 족집게처럼. 도대체 어떻게 아는 거지? 정말 신기했어요. 그후로는 정말 책을 다 못 읽으면 먼저 하루를 더 달라고 솔직히 부탁을 해요.

아빠 매일 1일 1독서 하는 게 쉬운 것도 아니고 때로는 피곤하거나 바쁜 일이 생기면 하기 싫을 때도 있었을 거야. 그럴 땐 어떻게 하기 싫은 마음을 극복했니?

지우 그냥 하기 싫어도 하는 거지요, 뭐. 1일 1독서는 당연히 하는 건데 좀 하기 싫은 마음이 생겨도 참아야지요. 그날 읽고 발표할 책을 안 읽으면 괜히 기분도 나빠지잖아요. 왠지 내 스스로 해야 할 일을 안 하고 있는 것 같은 불안감 때문에 기분이 좋지 않았어요. 제 스스로와 아빠와의 약속을 안 지킨다는 생각이 들 때 '위기감'이 생기더라고요. 또 '빨리 읽고 발표하고 나서 게임하자' 이렇게 생각하면 책을 안 읽을 수 없게 돼요.

아빠 독서 후 아빠에게 하는 발표의 노하우가 있다면 소개해줄래?

지우 처음에는 책을 읽고 발표를 어떻게 해야 할지 잘 몰랐어요. 그냥 아빠에게만 발표하는 거니까 걱정은 없었지요. 그렇게 자꾸 발표를 하다 보니까 할 만하더라고요. 또 아빠가 발표 순서를 알려준 후 더 편하고 쉽게 할 수 있었어요. 제목과 지은이 소개, 줄거리, 중요한 내용, 느낀 생각, 토론 등 이런 순서로 머릿속에 그려놓고 발표를 하게 되니까요.

책을 읽을 때 발표할 내용을 충분히 생각하는 편이에요. 발표할 때는 목차를 보면서 흥미 있었던 내용 위주로 골라 읽을 때 느꼈던 생각이나 기분을 솔직하게 발표하려고 해요. 책 내용과 기분에 따라 손짓이나 몸짓으로도 적극적으로 표현하니까 어느새 발표가 어렵다고 생각하지 않게 됐어요.

아빠 책은 주로 언제 읽었니?

지우 매일 시간이 나는 틈틈이 독서를 하고 있어요. 학교에 등교해서 수업 전에 책을 읽고 쉬는 시간에도 틈틈이 거의 책을 읽어요. 당연히 아침 독서시간이 있거나 선생님이 독서시간을 주면 1일 1독서 책을 읽고요. 학교 갔다 와서 가장 먼저 1일 1독서 책을 다 읽고 다른 숙제를 하는 편이에요.

아빠 매일 독서를 하면 학교 친구들의 반응은 어떠니?

지우 친구들은 가끔 제가 어떤 책을 읽는지 궁금해하는 경우가 있어요. 제가 하루에 한 권씩 책을 읽는다고 하면 "만화책만 읽겠지"라고 해요. 그럼 제가 읽고 있는 책을 보여줘요. 책이 재미있을 것 같으면 빌려달라고 할 때도 있어요. 이젠 친구들도 제가 매일 책을 읽는다는 걸 다 아니까 그러려니 하는 편이에요.

아빠 1일 1독서를 하면서 가장 많이 변한 것이 있다면 어떤 것이 있을까?

지우 자신감이라고 생각해요. 저만 하고 있는 아주 특별한 경험이고 도전이니까요. 어떤 친구들도 매일 한 권씩 책을 읽고 있지는 않잖아요. 매일 책을 읽고 발표하는 아이는 우리 반에서 저밖에 없어요. 제가 친구들보다 잘하는 것은 없지만 다른 친구들보다 잘 하는 게 저에게도 하나 생겼다고 생각하니까 자신감이 커지는 것 같아요.

아빠 1일 1독서를 하면서 가장 좋아하는 책이 있다면?

지우 저는 《탈무드》가 가장 좋아요. 《탈무드》를 여러 책으로 반복해서 읽었는데 이야기도 참 재미있고, 읽을 때마다 아주 좋은 교훈과 지혜를 얻을 수 있는 것 같아요. 이 책은 늘 어떤 아이디어를 주는 것 같아요. 앞으로도 꾸준히 옆에 두고 읽으면 도움이 될 것 같아요.

아빠 1일 1독서에서 가장 기억에 남는 재미있었던 책이 있니?

지우 가장 흥미로웠던 책은 역시 필립 풀먼의 《나는 시궁쥐였어요!》
예요. 이 책의 내용은 우리가 아는 동화 《신데렐라》에서 마차를
끌던 시궁쥐에 대한 이야기예요.

마법의 힘으로 신데렐라의 마부와 시종 역할을 한 그 시궁쥐는
나중에 어떻게 됐을까요? 아무도 그런 생각은 안 하잖아요. 신
데렐라는 행복하게 살았고 그렇게 끝이 났으니까. 하지만 마부
로 변한 그 시궁쥐는 어떻게 살게 될까? 한 번쯤 궁금할 수도
있지요. 이 책은 바로 그 시궁쥐가 주인공이 되어 어떻게 살아
가는지 아주 재미있는 상상력과 스토리로 만들어진 거예요.

이 책을 읽으면서 '어떻게 이런 상상을 할 수 있지? 정말 기발
하고 기똥찬 아이디어!'라고 생각했어요. 다른 생각으로 세상을
볼 수 있다는 점에서 나는 이 책이 가장 기억에 남더라고요.

아빠 책 읽기가 학교 공부에 도움이 된 적은 있니?

지우 학교 수업시간에 독서한 책의 내용이 나올 때 큰 도움이 되는
것 같아요. 역사 이야기나 국어 시간에 배우는 다양한 소설들
을 미리 읽은 경우가 많았으니까요. 《소나기》라는 소설을 1일 1

독서로 재미있게 읽었는데 수업시간에 그걸 다시 배우니까 진짜 반가웠어요. 4·19혁명에 대해 배울 때도 현대사 이야기책들을 많이 읽었기 때문에 4·19혁명에 대해 나 혼자 손을 들고 발표한 적도 있어요. 모둠활동 그림 그리기 시간에는 '어린왕자'의 성격에 대한 주제가 나왔는데, 아무도 발표하지 못하고 있을 때 저 혼자 '어린왕자'의 성격에 대해 발표한 적도 있었어요. 다른 출판사에서 나온 두 권의 어린왕자를 1일 1독서로 읽은 적이 있었기 때문이에요. 또 학교에서 꼭 읽어야 하는 독서 숙제들도 대부분 미리 1일 1독서로 많이 읽었기 때문에 저만 숙제가 팍 줄어든 느낌이 들어 아주 행복했어요.

아빠 1일 1독서를 진행하면서 아빠가 늘 격려하고 용기를 주고 많은 조언을 해주잖아. 아빠의 조언 중 특별히 생각나는 것이 있니?

지우 몇 가지 기억에 담고 있는 게 있어요. 가장 먼저 "포기하지 마! 한 번 안 읽으면 앞으로도 계속 안 읽게 돼. 스스로 포기하는 마음을 주지 마." 저도 그런 생각 때문에 포기하고 싶지 않아요. 또 "도전? 이 책에 한번 도전?" 할 때 너무 어려울 것 같아서 "이걸 제가 어떻게 읽어요?" 하면 "괜찮아! 괜찮아! 넌 잘할 수 있어"라고 격려주셨어요. 그리고 정말 어려울 거라고 생각했던 모든 책을 끝내 읽고 발표하는 데 성공했지요. 그런 용기를 주는 아빠의 말들이 많이 기억에 남아요.

아빠 앞으로 계속 1일 1독서를 실천해나갈 수 있겠니?

지우 매일 한 권의 책을 읽는 건 저에게 너무 당연한 습관이 된 것 같아요. 그 책들이 1일 1독서 책장에 꽂히고 늘어날 때마다 기분이 너무 좋아져요. 그래서 책을 계속 읽고 싶은 마음이 생겨요. 현재 400권째를 목표로 책을 읽고 있는데 앞으로 꾸준히 책을 읽으면서 1,000권을 채우면 정말 기분이 어떨까요? 상상이 안 되지만 지금 내 꿈은 꾸준히 1일 1독서를 실천해서 1,000권의 책 읽기 목표를 달성하는 일이에요.

아빠 1일 1독서를 시작하려는 어린이 친구들에게 하고 싶은 말은 없니?

지우 처음 한 권에 도전하기만 하면 누구나 매일 책 읽기가 가능하다고 생각해요. 처음이 어렵겠죠. 두려워 말고 포기하지 말고 1일 1독서를 계속 하다보면 정말 많은 걸 얻게 될 거예요. 힘든 만

큰 뿌듯함을 느끼게 될 거예요. 걱정하지 말고 일단 한번 부딪혀서 도전해보길 바라요! 저의 독서도 앞으로도 멈추지 않고 계속 될 거예요! 1,000권의 1일 1독서가 성공할 수 있도록 응원해주실 거죠?

우리 아이 1일 1독서의
지원자가 돼 보세요!

'책'이란 우리에게 어떤 의미일까요?

'싫음, 어려움, 두려움, 귀찮음' 등의 단어가 떠오르나요? 지금까지 지우의 1일 1독서 프로젝트 이야기를 들으면서 혹시 '재미, 행복, 도전, 목표, 열정, 성취' 같은 말이 머리에 떠오르지 않는지요?

매일매일 우리 아이들에게 책 읽기 도전을 시키는 건 매일매일 모험을 즐기도록 도와주는 것과 같을 거예요. 아이들에게는 신나는 책과의 여행이라고 할 수 있지요. 그 낯선 세계로 떠나는 모험의 과정에서 생기는 것들이 바로 재미, 행복, 도전, 목표, 열정, 성취 같은 단어들이랍니다.

하지만 시작이 어렵다고 생각해요. 그 멋진 단어들을 우리 아이들의 것으로 만들고 싶다면 부모님이 먼저 용기를 내야 해요.

누구나 아이와 함께 1일 1독서에 참여할 수 있습니다. 마음만 먹는다면 오늘부터 당장 도전할 수 있지요.

지금 아이가 책 읽는 것보다 컴퓨터 게임을 훨씬 좋아한다고 해도 좋아요. 지금까지 책 읽기를 아주 싫어했던 아이라도 괜찮아요! 만화만 좋아해서 글자를 보면 두렵다고 생각했어도 상관없어요.

지우도 처음에는 그랬으니까요. 학교 갔다 오면 게임하기 위해 컴퓨터 켜는 걸 당연하다고 생각했고, 하루 한 권의 책 읽기는 말도 안 된다며 손사래를 쳤고, 도저히 불가능하다고 생각했으니까요. 하지만 함께 마음을 맞춰 도전했고, 매일 한 권의 책을 읽고 발표를 하고 있고, 그 신나는 책 여행을 매일 실천하고 있으니까요.

1일 1독서 책장을 만들고 아주 쉬운 책 한 권부터 아이가 스스로 선택할 수 있게 도와주세요! 처음부터 어려운 책을 고를 필요는 없답니다. 아주 얇은 책을 선택해도 되고, 글자보다 그림이 더 많은 책도 상관없어요. 매일매일 한 권씩 읽어가는 것이 중요합니다.

매일매일 한 권씩 읽다 보면 아이는 자신도 모르게 독서력이 쑥쑥 커지게 될 거예요. 그러면 점점 두꺼운 책, 어려운 책, 다양한 책, 많은 생각을 할 수 있는 책들을 읽을 수 있게 되지요. 곧 마음만 먹으면 무슨 책이든 읽을 수 있게 된답니다. 1일 1독서는 분명 아이들에게 많은 선물을 안겨줄 거예요.

책을 통해 보는 지식이나 지혜는 물론이지요. 책 읽는 좋은 습관을 기를 수도 있어요. 도전과 성취를 배우는 과정에서 자신감과 자존감이 쑥쑥 자란답니다.

1일 1독서가 단순히 책을 많이 읽자는 건 아닙니다. 아이와 힘을 합쳐 멋진 우리의 집을 짓는 것과 같다고 할 수 있지요. 집을 짓기 위해서는 꼭 필요한 다양한 재료를 구해야 하고, 그 재료들을 조합해서 아름다운 집을 완성하고 멋지게 꾸미게 되는 과정이지요. 1일 1독서 프로젝트도 집 한 채가 창조되는 과정을 아이들의 마음속에 심어줄 수 있어요.

- 책 읽기를 통해 지식과 정보를 습득하는 요령을 배운다 : 정보를 입력하는 법
- 그 지식과 정보를 정리 정돈하여 요약 발췌한다 : 정보를 요약 발췌 조합하는 법
- 요약 발췌한 정보를 자신의 생각과 비빔밥처럼 조합하여 새롭게 발표한다 : 필요한 정보나 문제해결을 위해 내 안에 정보를 출력하는 법

이렇게 1일 1독서는 정보를 입력, 조합, 출력하는 전체 프로세스를 매일 연습하는 시간입니다. 세상의 모든 창조적인 것들은 모두 이런 과정을 거치게 됩니다. 아이가 이런 사실을 포착하는 순간 통찰력이나 창의성이 폭발적으로 커지게 된답니다. 아이의 삶을 스스로 멋지게 디자인할 수 있는 아주 위대한 지혜가 되는 거지요.

이 과정을 통해 아이들은 창의성의 세계를 이해하게 되고, 인생을 더 풍요롭고 성공적으로 만들 수 있게 됩니다.

하지만 꼭 기억해둘 것도 있습니다. 집을 짓기 위해 우선 많은 사람이 생각과 아이디어를 모아야 한다는 점입니다. 환경과 대지에 맞게 설계도를 그려야 하겠지요. 1일 1독서 프로젝트 역시 많은 사람의 도움이 필요하고 함께 멋진 설계도를 그려보아야 한답니다. 혼자보다는 함께하면 훨씬 더 멀리 갈 수 있다는 걸 잊어선 안 돼요.

그러니 꼭 엄마나 아빠, 혹은 형제가 모두 한 팀이 돼 1일 1독서에 참여할 수 있도록 '제안'과 '협상'을 해보시길 바랍니다.

아이들이 바라는 걸 진지하게 들어주세요. 용돈을 올려달라고 할 수 있고, 학원 수를 줄이거나 꼭 배우고 싶었던 걸 배울 수 있도록 해달라고 할 수도 있을 거예요. 그리고 그것들을 1일 1독서 프로젝트에 반영해보세요. 그러면 아이들은 즐겁게 협상 테이블에 앉게 될 것입니다.

멋진 집을 짓듯 다양한 아이템과 기발한 상상, 우리 가족이 더 행복해지는 이벤트, 협상 내용을 결합해 아주 멋진 1일 1독서 프로젝트를 구상해 보는 거지요. 거기에는 이미 정해진 어떤 규칙이나 원칙도, 정답도 없답니다. 가족들이 아이와 함께 구상할 수 있는 설계도와 1일 1독서의 필수 원칙 몇 가지면 충분합니다.

그렇게 멋진 1일 1독서 프로젝트의 설계도가 완성되면 아이와 함께 책 읽기 여행을 시작하는 겁니다. 정말 바쁘면 누나, 형, 동생 간에 서로 발표를 하게 하는 방법도 차선의 아이디어가 될 거예요.

1일 1독서 프로젝트는 책을 통해 부모님이나 가족들과 한 뼘 더 가까워지고, 서로 속 깊은 많은 이야기를 나눌 수 있는 시간이 될 수 있습니다. 한마디로 가족이 아주 친해지는 기회랍니다. 그렇게 매일 책을 읽고 발표를 해나가는 동안 매일 달라지는 우리 아이의 모습을 발견하게 될 거예요. 매일매일 자신감 넘치는 당당한 모습, 자기 자신을 진심으로 사랑할 줄 아는 아이가 될 거예요.

'세상의 모든 어린이가 자신만의 1일 1독서 프로젝트 설계도를 구상하여 매일 책을 읽고 발표하는 좋은 습관을 갖게 만드는 것!'

이 기똥찬 아이디어를 세상의 모든 어린이들과 부모님들에게 나누기 위해 쓰기 시작한 이 책을 이제 끝내야 할 시간이 온 것 같습니다.

어떤 아이라도 처음에는 힘들지만 곧 1일 1독서의 매력에 푹 빠질 수 있을 것입니다. 아무쪼록 이 책을 통해 아이 스스로 독서하고 발표하는 습관을 갖게 해주는 기회를 열어줄 수 있길 희망합니다.

그리고 언젠가 꼭 여러분과 자녀들의 '1일 1독서 이야기'를 듣고 싶습니다. 꼭 그런 날이 올 것이라고 믿습니다. 1일 1독서 시작과 성공을 간절히 빌어봅니다. 파이팅!

세상의 모든 부모님과 어린이의 1일 1독서를 응원하는

지우와 지우 아빠가

우리 아이, 읽는 만큼 성장한다

1일 1독서의 힘

초판 1쇄 발행 2016년 1월 30일

지은이 이동조, 이지우
펴낸이 이지은
펴낸곳 팜파스
기획 1인 1책 김준호(www.1person1book.com)
진행 이진아
편집 정은아
디자인 지선 디자인연구소
마케팅 정우룡
인쇄 (주)미광원색사

출판등록 2002년 12월 30일 제10-2536호
주소 서울시 마포구 어울마당로5길 18 팜파스빌딩 2층
대표전화 02-335-3681   **팩스** 02-335-3743
홈페이지 www.pampasbook.com | blog.naver.com/pampasbook
이메일 pampas@pampasbook.com | pampasbook@naver.com

값 12,000원
ISBN 979-11-7026-067-7 13590

이 도서의 국립중앙도서관 출판예정도서목록(CIP)은 서지정보유통지원시스템 홈페이지
(http://seoji.nl.go.kr)와 국가자료공동목록시스템(http://www.nl.go.kr/kolisnet)에서 이용
하실 수 있습니다.(CIP제어번호: CIP2016000729)